沙坪坝站
SHAPINGBA RAILWAY STATION

复杂城市环境下综合交通枢纽成套技术研究丛书

复杂城市环境下综合交通枢纽 多层次地下空间结构修建 关键技术研究与应用

朱 颖 李正川 ◎ 总主编

张万斌 赵 勇 王明年 廖龙涛 曹林卫 ◎ 著

郑波涛 ◎ 主审

西南交通大学出版社

·成 都·

图书在版编目（ＣＩＰ）数据

复杂城市环境下综合交通枢纽多层次地下空间结构修
建关键技术研究与应用 / 朱颖，李正川总主编；张万斌
等著. —成都：西南交通大学出版社，2021.9
（复杂城市环境下综合交通枢纽成套技术研究丛书）
ISBN 978-7-5643-8132-5

Ⅰ．①复… Ⅱ．①朱… ②李… ③张… Ⅲ．①城市交
通－交通运输中心－地下工程－工程施工－施工技术
Ⅳ．①TU94

中国版本图书馆 CIP 数据核字（2021）第 142227 号

复杂城市环境下综合交通枢纽成套技术研究丛书
Fuza Chengshi Huanjing Xia Zonghe Jiaotong Shuniu
Duocengci Dixia Kongjian Jiegou Xiujian Guanjian Jishu Yanjiu yu Yingyong
复杂城市环境下综合交通枢纽
多层次地下空间结构修建关键技术研究与应用

朱 颖　　李正川 ◎总主编　　　　　策划编辑／黄庆斌　周　杨

张万斌　　赵 勇　　王明年　　　　责任编辑／姜锡伟
　　　　　　　　　　　　　　◎著
廖龙涛　　曹林卫　　　　　　　　　封面设计／吴　兵

西南交通大学出版社出版发行
（四川省成都市金牛区二环路北一段 111 号西南交通大学创新大厦21楼　610031）
发行部电话：028-87600564　　028-87600533
网址：http://www.xnjdcbs.com
印刷：成都市金雅迪彩色印刷有限公司

成品尺寸　170 mm×230 mm
印张　10.25　　字数　132 千
版次　2021 年 9 月第 1 版　　　印次　2021 年 9 月第 1 次

书号　ISBN 978-7-5643-8132-5
定价　86.00 元

复杂城市环境下综合交通枢纽成套技术研究丛书

编委会

主　任　　朱　颖

副主任　　李正川　　李方宇

编　委　　（按姓氏笔画排序）

前 言

PREFACE

受建设条件限制，目前地下工程正向着跨度越来越大、埋深越来越浅、离既有工程越来越近、结构形状越来越复杂、多层次重叠交叉、设计施工难度越来越大的方向发展。沙坪坝综合交通枢纽站东—站西路下穿隧道工程位于城市核心区，施工条件苛刻、结构交叉重叠层次多、开挖断面大、空间结构复杂、近接类型多样、相互影响敏感，隧道设计、施工难度极大。该隧道工程与邻近构筑物形成典型的多层次地下空间结构体系。

然而，目前关于多层次地下空间结构修建方面的研究成果还很少，未见有相关成熟的设计、施工经验可循，更没有一套公认的空间结构体系安全评价方法供参考。如何在确保近接结构、隧道结构施工安全的前提下，实现优质设计与安全施工，成为国内外特别是我国城市化进程中一项亟待解决的技术难题，因此对复杂城市环境下多层次地下空间结构修建关键技术进行立项研究具有重要意义。

鉴于此，中铁二院重庆勘察设计研究院有限责任公司结合沙坪坝站东—站西路下穿隧道工程，开展多层次地下空间结构修建关键技术课题研究，其研究成果不仅可为沙坪坝综合交通枢纽工程隧道设计与施工提供技术保障，还可为我国类似环境下多层次地下空间结构的设计、施工技术的丰富和发展起到积极的推动作用，具有非常重要的理论和现实意义。

著 者

2021 年 6 月

目 录

CONTENTS

第 4 章　多层次地下空间结构模型加载试验

第 5 章　多层次地下空间结构安全评价体系和方法

第 6 章　多层次地下空间结构风险控制对策

第 7 章　总结及展望

参考文献

第 1 章

1.1　多层次地下空间结构的建设进展

随着城市化进程的加快，城市综合交通枢纽越来越多，人们对枢纽换乘的便捷性也提出了更高要求，换乘向立体换乘方向发展已成为大趋势，城市枢纽工程因场地条件和周围环境的限制。往往形成地下立体洞群结构（图 1-1）。同时，伴随着施工工艺和施工设备水平的提高，地下空间结构已经向着三层、四层甚至更多发展。

图 1-1　城市多层次地下交通枢纽

此外，不只是地下交通枢纽设施朝着多层方向发展，其他各类城市基础设施中的多层次地下结构也越来越多,例如地下商业圈、地下管廊设施、地下防灾疏通设施、地下通信设施等等,详见表 1-1 所示。

表 1-1 市政、防灾、服务设施中的多层空间

类别	形式	形状	断面尺寸	埋深
交通设施	地下铁道、地下停车场	马蹄形	高 6~8 m,宽 5~7m,拱半径 2~3 m	0~100 m
		方形	高 6~8 m,宽 5~7 m	
		圆形	半径 3~4 m	
公共服务设施	地下商业街、地下商场、地下会堂、体育馆	以方形为主	高 4~7 m,宽 20~50 m	0~30 m
市政设施	排水管、地下管廊、供暖设施、共同沟	圆形	半径 2~3 m	0~50 m
		方形	高 2~4 m,宽 2~5 m	
通信情报设施	通信电缆等	方形	高 2~3 m,宽 2~3 m	10~30 m
		圆形	半径 2~3 m	
防灾设施等	地下疏散通道、掩蔽所	马蹄形	高 4~8 m,宽 5~6 m,拱半径 2~3 m	10~50 m
		方形	高 3~6 m,宽 5~7 m	
	第二层商业空间和停车场			
	第三层水电管廊			

因此,多层次地下空间结构问题已成为当前地下工程设计和施工中重要的且不可回避的问题,开展这类结构的修建关键技术研究,可以为其合理设计、施工提供技术支持,确保工程建设安全,为其他类似工程提供借鉴,具有较高的工程应用价值和理论意义。

1.2　多层次地下空间结构的特点

隧道和地下工程主要由两大块内容组成：一为围岩，二为结构。对于暗挖多层次的地下洞群结构来说，其与单洞隧道最大的不同在于结构之间留有部分围岩，隧道结构之间的相互影响实际上通过这部分围岩进行传递，工程中常称之为中夹岩。另外，中夹岩也是重要的承载结构，特别是在施工期间，维持中夹岩的稳定是保证洞群整体顺利修建的最关键要素。然而，目前对这类结构的围岩破坏模式、结构受力特点等方面的研究尚不充分，难以形成一套较有通用性的设计方法或者思路。从工程经验上看，中夹岩的破坏和加固问题往往是多层地下洞群结构中的难点问题。

总结多层洞群结构的特点如下：

1.2.1　中夹岩受力情况不明

多层空间结构的中夹岩起到了稳定上下（左右）结构的作用，其不仅仅是围岩中的一个特殊部分，更是一个不可忽略的承载结构，而目前其承载能力往往在设计和施工中被忽略。同时，其破坏模式和受力特点都十分不明确，在多层空间洞群结构中究竟扮演何种力学构件角色尚待深入研究。

从目前的工程实例看，中夹岩存在三类模式：

（1）后建洞室开挖后中夹岩保持完好，一般出现在相邻洞室间距比较大的情况下，此时多按照普通单洞进行设计施工。

（2）后建洞室开挖后中夹岩局部破坏，但是整体仍保持稳定，此时中夹岩作为一个重要的承载结构，分担了后建洞室需要承受的围岩压力。

（3）后建洞室开挖后中夹岩大面积破坏，甚至出现断裂。这种模式一般出现在相邻洞室距离非常小的情况中，此时中夹岩无法抵抗开挖扰动，基本丧失了全部的承载能力，如图 1-2 所示。

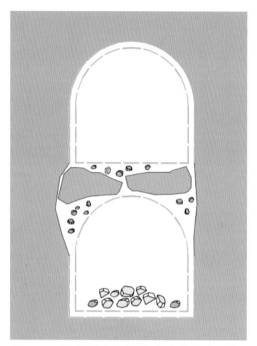

图 1-2　相邻洞室之间的中夹岩发生破坏

1.2.2　中夹岩以外的围岩受力情况不明

目前，单洞隧道的围岩压力计算是以围岩的破坏和受力模式为依据确定的，如《铁路隧道设计规范》TB 10003、《公路隧道设计规范》JTG 3370 中的浅埋隧道围岩荷载依据破裂角理论推得，深埋的围岩压力则依据塌落拱的理论确定。

但多层洞群结构则不同，其围岩的破坏和受力模式和施工顺序、洞室净距与夹角等密切相关。例如：一个双层重叠隧道，自下而上修建时或许尚能以规范中理论来计算新建隧道的荷载；但自上而下修建时，新建隧道的埋深如何界定，中夹岩自身可以提供的承载力如何计算都存在疑问，且此时围岩的破坏模式也难以确认，详见图 1-3 所示。这些问题都导致新建隧道的荷载难以计算，给设计施工带来困难。

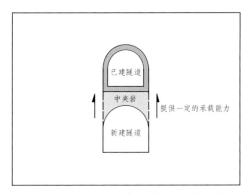

图 1-3　中夹岩具备一定的承载能力

1.2.3　隧道结构多样化

首先，多层次地下洞群结构的布局模式十分多样化，可以重叠布置，亦可水平布置，甚至是两种模式的组合（图 1-4），这给结构设计带来了难题。

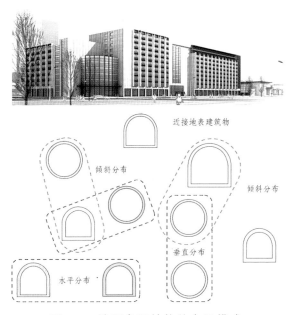

图 1-4　地下多层结构的布局模式

其次，不同结构之间的净距多样化（图 1-5）。

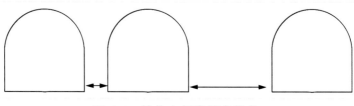

图 1-5　结构之间净距多样化

最后，根据功能的不同，存在多种多样的结构形式，最常见的有圆形（常为地铁隧道和管廊）、马蹄形（轨道交通）和方形（常为市政隧道）等，如图 1-6 所示。

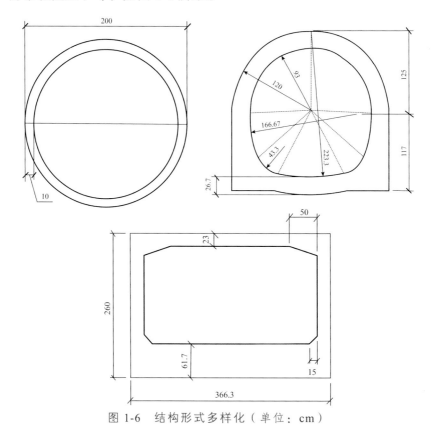

图 1-6　结构形式多样化（单位：cm）

综上所述，多层次地下洞群结构的自身特点决定了其不可按照普通单洞隧道进行设计和施工，急需解决其中的围岩和结构上的设计难点。

1.3 多层次地下空间结构国内外研究现状

1.3.1 布局模式调研

对国内外一些典型的多层洞群结构进行调研，获取最常用的布局模式，如国内的广州地铁 5 号线隧道群、重庆红岩村隧道群、在建的重庆沙坪坝枢纽工程，以及星湖街隧道与地铁车站共建段隧道群，总结出其布局模式、净距、层数的信息，见图 1-7 ~ 图 1-10、表 1-2 ~ 表 1-5 所示。

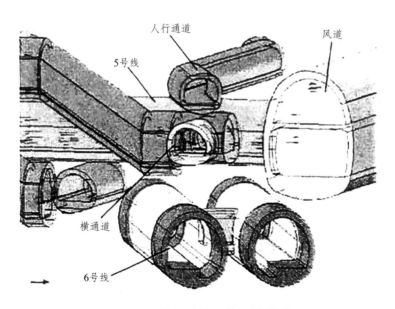

图 1-7 广州地铁 5 号线隧道群

表 1-2　广州地铁 5 号线隧道群概况

概况		最小净距	空间关系
3 层，由 3 条线路组成	第一层人行通道	1.9 m	并行、重叠、交叉多种空间关系的组合
	第二层 5 号线主体和横通道		
	第三层 6 号线		

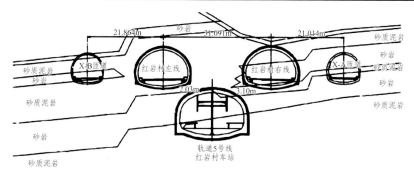

图 1-8　星湖街隧道与地铁车站共建设

表 1-3　重庆红岩村地铁车站隧道群概况

概况		最小净距	空间关系
2 层，由 4 条线路组成	三纵线和匝道	1.2 m	并行、重叠、交叉多种空间关系的组合
	5 号线地铁大跨隧道		

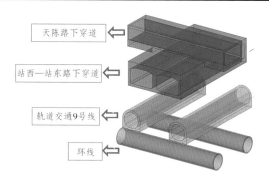

图 1-9　重庆沙坪坝改造区 4 层立体交叉结构

表 1-4　重庆沙坪坝交通枢纽洞群概况

概况		最小净距	空间关系
4 层，由 4 条线路组成	天陈路下穿道	8.0 m	并行、重叠、正交多种空间关系的组合
	站西—站东路下穿道		
	轨道交通 9 号线		
	环线		

图 1-10　星湖街隧道与地铁车站共建段隧道群

表 1-5　东京饭田桥地铁车站隧道群概况

概况		最小净距	空间关系
3 层，由 4 条线路组成	东京地铁东西线	2.4 m	并行、重叠、交叉多种空间关系的组合
	乐町地铁线		
	东京地铁南北 7 号线		
	地铁 12 号线		

　　对国内外这类典型的多层次地下洞群工程进行简化归纳：

　　从层与层之间的关系看，多层地下洞群多数情况是重叠布局、斜角布局和正交布局三种情况的组合;细分到某一层内的洞群布局,则主要为平行布局形式。如果直接对一个整体的多层洞群进行计算分析,则难以分清结构的重点控制部位和受力薄弱环节,也无法定出设计工作中需要的结构荷载和其他一系列关键参数。考虑到实际工程中一般都是按照先后顺序逐层进行修建,因此应从某两个相邻的隧道作为出发点,分析研究完成后再扩展至第三个相邻的隧道,最后逐步完成整个洞群结构的设计或是研究,详见图 1-11 所示。

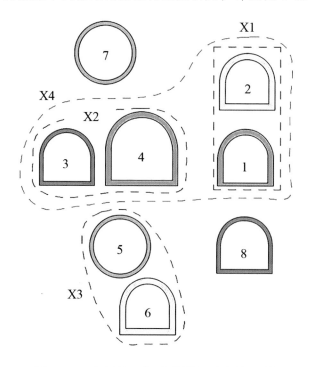

图 1-11 多层地下洞群扩展设计方法示例

1.3.2 暗挖多层次洞群结构设计模型

目前各国尚未形成一套完整的多层次地下空间结构设计模型,这类多洞室的结构设计研究通常集中在三个大方向上:

1. 洞室之间的相互影响研究

如既有衬砌结构的内力位移变化、新建隧道引起的地表沉降特点等。

卢岱岳建立了扰动土体位移和既有隧道的关系，给出了既有隧道产生的附加位移的理论解。台启民、何川以北京地铁 6 号线为背景，模拟不同工序和不同空间关系下的地表变形。刘维、Ngoc-Anh、Dalong Jin 等均对新建隧道施工引起的位移、应力等做出了分析。

2. 近接分区研究

王明年采用莫尔-库仑准则对重叠段进行了横向近接分区，同时以位移变化速率准则进行了纵向进阶分区。赵东平按不同影响分区制定重叠隧道支护参数。郑余朝等模拟了不同围岩等级下新建隧道施工的影响范围。

张晓军结合深圳地铁 3 号线对隧道 3 种位置关系（平行、斜角、重叠）采用数值模拟，通过围岩塑性区、应力和位移等指标对隧道进行分区，最终得到了强、弱、无影响分区。

张俊鹏通过对 Ⅲ、Ⅳ、Ⅴ 级围岩下不同净距的浅埋隧道进行数值模拟，得出了不同围岩级别下的小净距隧道在施工过程中围岩的变形规律和变形规律之间的相似性；通过对中间岩柱的变形与塑性区破坏规律分析，得出了合理净距的工程设计参考值。

张自光采用安全系数的方法对青岛地铁 M3 号线区间岩质隧道进行分区，并综合考虑了建筑荷载、隧道跨度、位置关系、基底宽度 4 种因素。

此外，日本等国家也在相应规范中给出了近接分区的划分细则。

3. 荷载计算方法研究

现阶段在我国比较有代表性的围岩压力公式有以下几类：《铁路隧道设计规范》（TB 10003—2005）规范中围岩压力计算公式是基于 1 025 个塌方资料按概率极限状态法并且视围岩为松散体考虑

得到的，《公路隧道设计规范》（JTG D70—2004）中的IV～VI级围岩中浅埋隧道荷载计算公式（谢家杰公式）、深埋隧道的围岩压力为松散体时的计算公式，《水工隧道设计规范》（SL 279—2002）使用的是在薄层状及碎裂散体结构的围岩条件下的围岩压力计算公式，《人工岩石洞室设计规范》中的围岩压力公式，等。它们是在总结以往国内外分类方法的基础上，针对中国特色的工程实际而提出来的，基本上代表了我国当前围岩压力的最新水平。

深埋隧道围岩压力主要采用的是经验公式法，浅埋隧道的围岩压力计算方法主要采用的是谢家杰理论，并且隧道围岩压力的计算公式前提是地表水平，对于偏压隧道荷载计算也有修正公式。由于城市轨道交通的快速发展，城市地下空间利用朝着更深层次发展，地下轨道线路更加错综复杂，线路之间重叠、交叉导致隧道的围岩荷载模式发生变化。

受限于空间组合关系的多样性和工程地质的复杂性，围岩压力一直不能精确定量地计算出来。随着工程中遇到的各种工程问题和土力学等的发展，围岩压力的确定方法一直在演变与完善。

目前这类结构广泛采用的围岩压力确定方法为经验公式法。在大量工程资料的基础上按不同围岩级别提炼总结，为隧道支护的设计提供了依据。肖明清、龚建武、夏才初、喻军等在试验和现场监测的基础上取得了一定的研究成果，对小净距多洞室隧道的荷载计算进行了修正研究。

Liang Rongzhu用欧拉-伯努利梁理论求解了上方新建隧道的卸荷作用。陈英军模拟了基坑下卧近接双洞隧道的围岩压力，并给出理论计算公式。赵则超分析了不同净距下的重叠隧道围岩压力变化及荷载释放。Jin Dalong用环向和纵向的应力影响来建立了三类既有隧道的变形模式。舒志乐、刘保县、沈习文、邓荣贵、彭琦等在公路设计规范的基础上，对浅埋单侧偏压小净距隧道的围岩压力计算理论进行推导，建立了相应的理论体系。

以往的研究主要解决了相邻隧道之间的影响程度和影响范围，且大多数是建立在某既定的工程实例上，应用和推广的范围受到限制。荷载研究方面则以实测围岩压力以及新建隧道带来的卸荷问题为主，并未形成一套较为完善的荷载计算理论。此外，部分研究采用求解围岩破裂面来推导荷载计算公式的方法，但却将各个隧道均按毛洞考虑，而实际施工中重叠隧道一般不同时开挖，既有衬砌结构和施工顺序的影响不可忽视。

实际上，多层次地下空间结构和单个隧道最大的不同点在于洞室之间存在中夹岩，其起到了稳定上下结构的关键作用，若将中夹岩的影响融入隧道设计采用的荷载-结构模型中，则可为这类结构的设计带来积极参考。

1.3.3　暗挖多层次洞群中夹岩受力特征

多层次地下空间结构的中夹岩是设计和施工的关键部位，保证中夹岩的稳定性是隧道成功修建的核心要素。目前关于中夹岩力学特征的研究主要集中在其力学特点、施工期间的稳定性和加固措施3个方面。

1. 中夹岩破坏和稳定性研究

仇文革以重庆红岩村处5座隧道组成的隧道群为背景，通过数值模拟和室内模型试验的方法，研究了隧道群间夹岩的力学行为特征和破坏形态。结果表明：在隧道群施工过程中，夹岩的主应力方向会发生偏转且应力集中效应明显，夹岩最薄弱处受剪严重且极易发生剪切破坏；洞群失稳是从夹岩失稳开始的，故夹岩稳定是洞群稳定的关键。

刘明贵结合大帽山小净距隧道群的监控量测，基于动力损伤变量和围岩内部位移，研究了小净距隧道群中夹岩的累计损伤效应。结果表明：新建大帽山隧道的爆破施工已经导致中夹岩产生一定程度的损伤、破坏和滑移，但围岩位移并未持续变化且仍保留足够强度。

晏莉、阳军生等针对水平互层岩体中双孔并行隧道的开挖特点，将各岩层视作各向同性连续介质，考虑层面的影响，建立数值模型。他们采用FLAC（Fast Lagrangian Analysis of Continua，连续介质力学分析软件）进行分析，主要从围岩塑性区及中间岩柱应力分布方面，研究中间岩柱的稳定性，分析不同间距条件和不同围岩互层类型对中间岩柱稳定性的影响；同时，提出改进的双孔隧道中间岩柱稳定安全系数计算方法。

Ling Xiao、Lin Jingwen等研究了小净距隧道中夹岩在爆破开挖过程中的振动扰动，分析了中夹岩在振动下的三向速度特征，通过数值模拟研究了中夹岩在爆破振动中的应力状态。

2. 中夹岩的受力分析

章慧健等针对小净距双孔盾构隧道中间夹岩的复杂三维受力状态，引入基于Mohr-Coulomb（莫尔-库仑）剪切屈服准则与拉伸屈服准则的屈服接近度函数，采用数值模拟计算和离心模型试验相结合的手段，对上下重叠和水平并行小净距隧道中间夹岩力学特征进行了研究。

孔超以重庆红岩村隧道群为例，通过岩石极限分析法及室内模型试验结果得出了洞群施工过程中围岩的破裂面发展规律，为支护措施的选择提供了依据；通过试验验证了岩石极限分析法判定隧道工程中围岩稳定性的合理性。

3. 中夹岩的加固研究

史保涛研究了不同开挖方案下中夹岩的位移、应力和塑性区的变化，分析表明先开挖左右两洞外侧导坑后再开挖中夹岩柱两侧导坑的施工方案为最优，且分析了不同岩柱支护加固措施对礼嘉车站中夹岩柱应力、应变特性的影响，提出采取喷射混凝土加岩柱预应力对拉锚杆的支护措施对中夹岩柱进行加固。

刘芸提出对中夹岩柱进行区域划分，对中夹岩柱预应力锚杆及注浆加固、中岩墙预应力锚杆加固和中夹岩柱不同加固组合方式进行了研究。

疏义广、雷明林分析了扩建小净距隧道在不同净距下隧道围岩、中夹岩柱、锚杆及初衬的受力特征。结果表明：扩建小净距隧道围岩的屈服区主要集中在拱脚部位，拱脚部位的隧道支护结构应有所加强，当净距大于 $B/2$ 时，中夹岩柱受力状态受净距的影响很小。

1.3.4　暗挖多层次洞群结构安全评价体系

隧道工程安全稳定的核心是保证围岩和衬砌结构的安全性，目前对于这类多洞室结构的安全评价多集中在围岩稳定上。此外，还有部分学者的研究思路是在不同的多层次地下空间洞群的布置形式下，以某个特定指标作为洞群安全评价的基准，并以此来优化设计。

1. 目前采用较多的评价基准

孔超以重庆红岩村隧道群为例，引入岩石数值极限分析法来定量描述隧道修建过程中围岩的稳定性，通过岩石极限分析法及室内模型试验结果对围岩稳定性安全系数进行了分析，并通过试验验证了岩石极限分析法判定隧道工程中围岩稳定性的合理性。

吴波根据动态规划最优化原理，以地表沉降作为目标函数，建立了城市地铁区间隧道洞群开挖顺序优化分析数学模型。针对深圳地铁大剧院站—科学馆站区间三连拱隧道工程，进行了隧道洞群开挖顺序的选优工作。这种评价方法在选出了最优和次优路径的同时，从理论上证明了采用中洞法施工是科学的、合理的。

邱治强针对高地应力赋存环境地下试验洞室群开挖，对比研究了在同侧相邻洞室不同间距和异侧洞室不同布置工况下，后续洞室开挖对已建洞室围岩稳定性的影响，并用位移变化值作为地下洞室群布置工况评价指标，判识开挖对已建洞室的影响程度。

刘立鹏利用岩体脆性破坏准则和 Examine2D 软件，分析了不同地应力及洞形、洞群下围岩破坏深度的变化规律。基于中国大陆地应力分布规律，分析了三大岩类代表性岩石性质随洞室埋深的变化规律并与实际工程进行了对比。

2. 洞群的稳定性判定方法

王小朋利用岩石力学综合测试和数值模拟手段对隧道及洞群结构受力特征进行了分析，并建立了洞群稳定性的评价指标。

江权从认识论的角度提出数值仿真技术服务于地下工程实践的 PFP（超轻量级分组密码算法）分析方法，并随拉西瓦水电站地下厂房工程开挖进度分 3 个阶段对洞群围岩稳定性进行了系统的分析和预测。

王建洪采用多元回归分析方法反演了厂区初始地应力场，提出了厂区初始地应力的分布函数；根据建立的地下厂房三维数值计算模型，获得洞群开挖后围岩位移场、应力场和塑性区等稳定性评价指标的规律。

艾成才在相邻小间距巷道稳定性分析中引入加卸载响应比理论，将地下洞室视为一非线性系统，建立了加卸载响应模型；通过原样岩石试验、模型试验、数值模拟三者相结合的方法研究了用加卸载响应比理论定量判定单洞及小间距双洞中新建隧道对已有隧道的稳定性影响。

1.3.5 研究现状分析

多层次地下空间结构的研究现状态总结见表 1-6。

表 1-6　研究现状总结

研究对象	研究内容	研究手段、方法
并行隧道和重叠隧道	衬砌受力特点	数值模拟、现场测试、室内试验
	荷载计算方法	现场实测、理论假设
	施工工序、工法	数值模拟、室内模拟开挖
	中夹岩受力状态	数值模拟
	中夹岩加固措施	数值模拟
	近接影响分区	数值模拟
洞群（水平、重叠、斜角的组合）	荷载计算方法	理论假设
	施工工序、工法	数值模拟
	中夹岩受力状态	数值模拟
	中夹岩加固措施	数值模拟
	衬砌受力特点	数值模拟，现场测试

对目前的研究现状进行分析可知：

（1）研究仅针对隧道结构，没有建立中夹岩的计算模型：本次研究认为根据布局模式的不同，中夹岩应建立梁模型和柱模型进行计算，如图 1-12 所示。

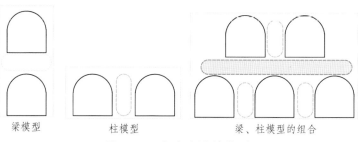

梁模型　　　　柱模型　　　　梁、柱模型的组合

图 1-12　中夹岩计算模型

（2）没有建立多洞室情况下的荷载结构设计模型：本次研究根据中夹岩破坏模式的不同拟提出三大类结构设计模型，如图1-13所示。

图 1-13　不同中夹岩破坏情况下的结构设计模型

（3）没有考虑施工顺序对结构计算模型、中夹岩计算模型的影响：

多层洞群结构通常按照自下而上或者自上而下的顺序进行修建。根据目前国内外研究成果，采用自下而上的修建顺序时，由于下方衬砌结构修筑完成后具备足够的刚度和承载能力，因此位于上方的衬砌在设计和修建时基本仍可以按照普通单洞室来进行分析计算。

然而，当采用自上而下的修建顺序时，则会出现地表明显沉降、既有衬砌底部围岩承载力降低、中夹岩大面积破坏等情况。

（4）研究手段大多数采用数值模拟，缺少不同方法之间的验证；以此来设计多层地下结构，缺乏一套适用于多层空间的结构理论计算方法。

（5）对于单层并行隧道和双层重叠隧道的研究不具有普遍适用

性和推广性，常以某些特定的工程为研究对象，基础理论性研究不足。

（6）在评价洞群整体安全性上，忽略了中夹岩这一关键承载结构，缺乏评价洞室之间中夹岩层的稳定性的理论方法，中夹岩层的受力模式尚有不明确性。

1.4 本书采用的研究方法

1.4.1 多层次洞群结构中夹岩和围岩破坏模式模拟方法

多层次地下洞群的结构形式、排列组合方式、断面形式等多种多样，难以依靠单一研究手段进行全面分析。例如：在现场实测研究中，各测试条件较难改变，且工点数量十分有限；而在室内试验中，鉴于试验场地和目前设备水平的限制，也无法实现大量工况的测试。而且无论是现场还是室内试验都非常难以观测到围岩内部是如何受力和破坏的，因此借助数值模拟方法来进一步分析中夹岩和围岩的受力和破坏模式。

本次研究主要采用有限元软件 ANSYS 来模拟各种多层空间结构算例。其中：衬砌结构、围岩压力等方面的计算采用较为成熟的接触单元算法来实现多层空间结构的荷载传递模拟等，对围岩和中夹岩的破坏模式则进一步采用强度折减法、应变软化模型来分析。

以上下重叠三层洞室的模型为例，其采用 SOLID45 单元建立模型，纵向长度 1 m，左右两侧围岩宽度取 4 倍洞径，下方围岩取 2.5 倍洞径以消除边界效应。衬砌结构采用弹性模型模拟，围岩采用弹塑性模型模拟。数值模型边界条件为：沿隧道纵向方向前后面约束轴向位移，模型左右两侧面约束横向位移，模型底面约束竖向位移。数值模型见图 1-14 所示。

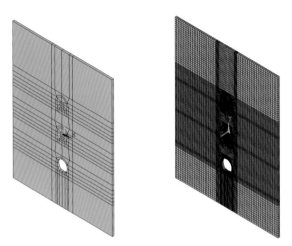

图 1-14　数值计算模型和单元划分

计算模型在隧道和围岩之间添加了接触单元以模拟物体之间的相互作用及相互错动，接触方式采用自由式接触方式，不同结构间可产生相对挤压及位移，如图 1-15 所示。

图 1-15　结构体间的接触单元

1.4.2　多层次地下洞群结构受力特征试验方法

采用室内静力加载试验对多层地下洞群结构的受力特征进行分析，试验中的隧道布局模式为最具代表性的重叠布局。室内加载试验主要研究不同中夹岩厚度下多层地下洞群结构的衬砌破坏模式、围岩压力和结构内力的特征等。试验分组见表 1-7，试验台架见图 1-16。

表 1-7　多层次隧道加载试验分组

组号	近距	试验内容
1	0.2D	测试不同近距下的衬砌结构破坏形式、围岩压力、结构内力情况
2	0.5D	
3	1.0D	

注：D 为洞径（m）。

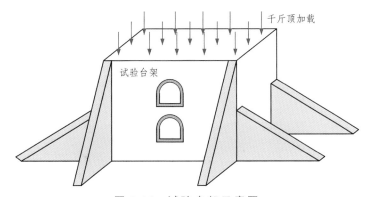

图 1-16　试验台架示意图

总结试验现象和数据，同时将目前国内外已有的一些试验和现场实测数据进行对比分析，给出多层洞群结构的一般性受力特征规律。

1.4.3　多层次洞群结构计算模型建立方法

在得到中夹岩破坏模式和受力特点后，采用理论分析的方法，建立起中夹岩的弹塑性力学模型，给出相应的计算公式。同样，利用围岩的破坏模式和路径建立起新建洞室的力学平衡关系，解出相应的荷载计算公式。最后将二者结合从而得出洞群结构的计算模型。

1.5　本章小结

本章分析了多层次地下空间结构的结构特征以及国内外研究现状，并指出了本书采用的研究方法，主要结论如下：

（1）多层次地下空间结构主要表现为分布形式多样化的洞群结构特征，对整体稳定性起到控制作用的中夹岩主要存在中夹岩受力不明确及其周边围岩的受力不明确两大特征。

（2）多层次地下空间结构设计研究主要在以下三个方面进行：① 洞室之间的相互影响研究；② 近接分区研究；③ 荷载计算方法研究。

（3）中夹岩力学特征的研究主要集中在其力学特点、施工期间的稳定性和加固措施3个方面。

（4）目前研究不足之处主要有：

① 研究仅针对隧道结构，没有建立中夹岩的计算模型：本次研究认为根据布局模式的不同，中夹岩应建立梁模型和柱模型进行计算。

② 没有建立多洞室情况下的荷载结构设计模型：本次研究根据中夹岩破坏模式的不同拟提出三大类结构设计模型。

③ 没有考虑施工顺序对结构计算模型、中夹岩计算模型的影响。

④ 研究手段大多数采用数值模拟，缺少不同方法之间的验证；以此来设计多层地下结构，缺乏一套适用于多层空间的结构理论计算方法。

⑤ 对于单层并行隧道和双层重叠隧道的研究不具有普遍适用性和推广性，常以某些特定的工程为研究对象，基础理论性研究不足。

⑥ 在评价洞群整体安全性上，忽略了中夹岩这一关键承载结构，缺乏评价洞室之间中夹岩层的稳定性的理论方法，中夹岩层的受力模式尚有不明确性。

（5）本书对于多层次地下空间结构修建关键技术研究手段为：数值模拟、理论分析、室内试验。

第 2 章

多层次地下空间结构中夹岩破坏模式

2.1 引 言

暗挖多层洞群的布局形式多种多样，新建洞室和既有洞室的位置关系错综复杂，目前这方面的研究多数为针对某个指定工程进深入分析，遇到新的工程时则出现既有成果难以应用的现象。实际上，暗挖多层洞群的关键控制部位是相邻洞室之间的中夹岩，控制中夹岩的稳定是保证整个结构体系稳定的关键因素。中夹岩在洞群施工过程中，也是一块关键的承载结构，应该被纳入整个洞群的设计体系中。

因此，本章基于双系数强度折减法，对暗挖多层洞室的开挖过程进行分析，得出开挖过程中的中夹岩以及围岩破坏模式。同时分析既有洞室的应力场和位移场的演变规律，给出开挖行为对多洞室的影响范围。

2.2 多层次洞群开挖影响传递规律

建立如图 2-1 所示的一个 4 层地下洞群结构，假设其施工顺序为较为不利的自上而下施工。模型纵向取 30 m，横向边界取其中跨度最大洞室的 3 倍。衬砌结构和围岩之间加入 Contact 接触单元，忽略其摩擦力。围岩采用 Drucker-Prager 准则进行模拟。为更好地模拟出多层洞群的关键受力部位，模拟过程采用最为不利的全断面开挖方法，施工顺序为从上至下-从左至右依次开挖，且开挖后对整体进行强度折减，得出相应的塑性区来识别关键受力部位。

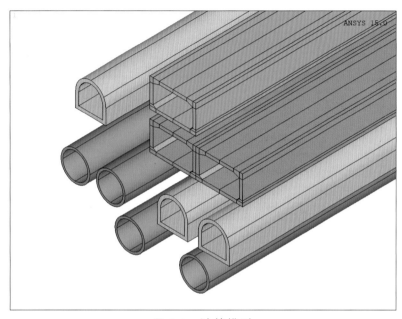

图 2-1　计算模型

第 2 层洞室开挖后的多层洞室的塑性区分布如图 2-2 所示。

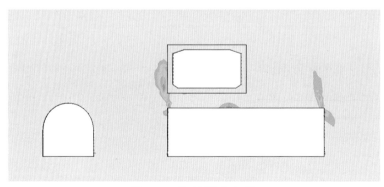

图 2-2　塑性区分布图

可以看到，此时地下第 2 层的方形洞室和既有隧道之间出现了大面积塑性区，且左侧塑性区已经贯通，接近既有洞室右侧底板的塑性区也有贯通的趋势；而位于地层左侧的马蹄形隧道由于离方形隧道距离较远，二者之间没有出现明显的塑性区。由此可知，此时关键的受力部位是洞室之间的中夹岩。

将第 2 层洞室的衬砌施作后，开挖第 3 层洞室，得到如图 2-3 所示的塑性区分布。

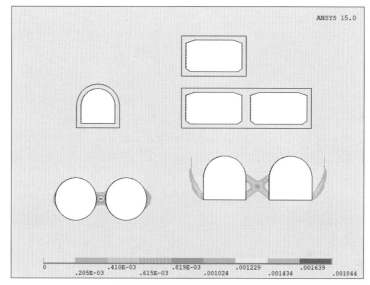

图 2-3　塑性区分布

由图 2-3 可知，第 3 层左侧两个圆形洞室之间的中夹岩出现塑性区横向贯通，右侧两个马蹄形洞室之间的中夹岩则出现 X 形状的贯通区域；而第 2 层和第 3 层之间的净距相比中夹岩厚度要大，并未出现明显的塑性区。因此，此时结构整体最不利的部位也是中夹岩。将该层的衬砌施作后继续开挖第 4 层洞室，相应的塑性区分布见图 2-4 所示。

由图 2-4 可知，第 4 层左侧洞室和其左上方既有洞室之间出现了贯通的塑性区，右侧洞室和其右上方的既有洞室之间也出现了贯通的塑性区；同时第 4 层两个洞室之间的塑性区也开始贯通。

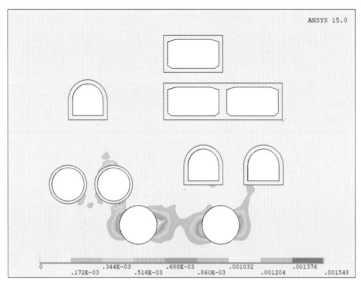

图 2-4　塑性区分布

综上所述：

（1）对于一个暗挖多层地下洞群结构，最为关键的控制部位就是相邻洞室之间的中夹岩，中夹岩可能出现完全贯通损坏，也可能保持了一定的自稳能力。如果能把中夹岩的损坏和承载力在结构设计模型中体现出来（如目前最常用的荷载-结构模型），则可以提出更为准确的结构设计方法。

（2）不可忽视既有衬砌结构对四周围岩起到的支撑作用。以往许多学者通过强度折减法求解多层洞室塑性区和破裂面时，常常采用不带衬砌结构的模型进行分析，使得既有洞室周围也出现大量塑性区，势必造成最后设计过分保守。

（3）新建隧道对既有结构的影响基本不会跨层。例如在本算例中，第 3 层洞室开挖后，影响范围并未波及第 1 层的洞室；第 4 层洞室开挖后，也没有明显影响到第 2 层洞室，这也更加说明将既有衬砌的支撑能力考虑进来的必要性。

因此，在一个复杂的多层地下洞室的设计工作中，起到关键控制作用的要素实际上有 2 个：

（1）中夹岩的破坏和受力模式。

（2）相邻洞室的位置关系和施工顺序。

2.3　暗挖多层次洞群布局模式简化方法

根据 1.3.1 节的布局模式调研，一个暗挖多层洞群是多种布局模式的组合，如果对洞群直接进行整体性分析，则难以分清楚各个洞室之间的影响关系，且工作繁杂。因此，可先分析两两相邻的洞室之间中夹岩的破坏模式，然后再扩展到第三个洞室，最后将这些分析结果进行叠加，就可以简化多层洞群的力学计算工作。

如图 2-5 所示，假设存在一个 4 层的复杂地下暗挖洞群结构，并假设其修建顺序为自上而下，以此洞群来说明本次研究采用的简化方法。

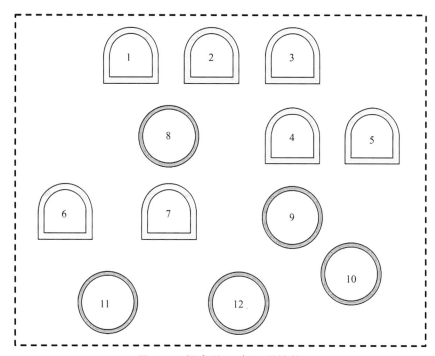

图 2-5　假定的一个洞群结构

（1）在第 1 层内，1~3 号洞室为平行布局，根据施工顺序的不同，可分为两种工况：① 从一侧向另一侧依次开挖；② 1、3 号洞室施作完成后再开挖 2 号洞室。

对于工况①，1 号和 2 号洞室净距非常小，可先完成这二者之间的力学分析，然后将 1、2 两个洞室作为一个整体的稳定大洞室 X1，再去和 3 号洞室之间进行力学分析，这样就可以将整个力学分析过程始终维持在两个相邻洞室之间进行，如图 2-6 所示。

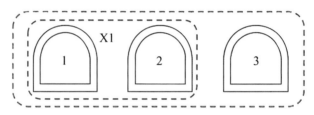

图 2-6 平行洞室的力学分析顺序

对于工况②，1 号和 3 号洞室的净距很大，则就将二者作为独立的单洞室进行力学分析，然后再将 2 号洞室考虑进来。

（2）在施作第 2 层洞室时，3 号与 4 号洞室形成了重叠布局，4 号与 5 号形成了平行布局，即可按照实际的施作顺序分别进行分析。8 号洞室与 1、2 号形成斜角布局模式，则可以分别对 1、8 号，2、8 号进行力学分析，再对结果进行叠加处理。4 号与 8 号之间则净距较大，两者之间可作为单洞室进行计算。按此方法，即可将多洞室的力学分析逐步分解为两两洞室之间的力学计算问题，如图 2-7 所示。

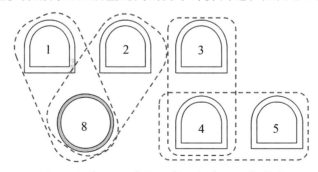

图 2-7 层间、层内的洞室之间力学分析简化

（3）同理，在处理第 3 层的洞室时，也可按照施作顺序进行两两分析，见图 2-8 所示。

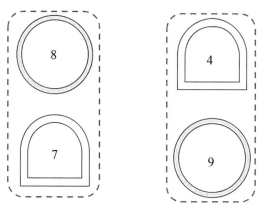

图 2-8　第 3 层洞室力学分析顺序

（4）对于第 4 层洞室，11 号与 6、7 号之间均为斜角布局，7 号和 12 号及 9 号和 10 号之间也为斜角布局模式，如图 2-9 所示。

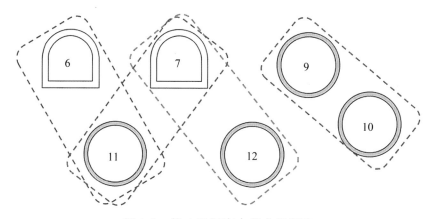

图 2-9　第 4 层洞室力学分析顺序

对各类布局模式进行总结，结合国内外多层洞群结构的布局调研,本次研究将多层暗挖洞群的布局模式剖分为以下 4 类(图 2-10)：
① 重叠布局模式；② 斜角布局模式；③ 正交布局模式；④ 单层

内的平行布局模式。

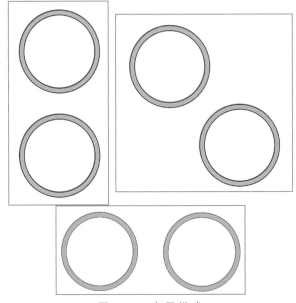

图 2-10 布局模式

根据 2.2 中研究结果，新建隧道对既有结构的影响主要体现在相邻洞室上，若中间相隔 2 层或以上，则无法进行传递。因此，一个复杂的多层地下洞群结构可以分解成按照一定修建顺序的两两洞室组合，且其关键控制部位是相邻洞室之间的中夹岩。

按照该思路，首先对常见多层地下洞群结构的布局模式进行调研及划分，随后总结出中夹岩的破坏和受力模式，二者共同组成多层洞群的核心设计模型。

2.4 暗挖多层次洞室中夹岩破坏模式

在实际工程中，出于施工安全性考虑，在修建多洞室结构时，通常既有隧道为已修建二次衬砌的状态，或者是掌子面相隔数十米的共建状态。因此，在求解这类多洞室结构中夹岩破坏模式时，不可忽略既有衬砌结构对周围岩石的支撑能力。

因而在本节研究中，做出以下几点假设：

（1）既有隧道周围岩石在衬砌支撑下已处于稳定状态。

（2）以塑性区贯通作为岩体破坏失效的标准。

2.4.1 重叠布局时的破坏模式

本节研究中，中夹岩的破坏模式按 2 种工况进行分类：① 下方隧道已存在衬砌；② 上方隧道已存在衬砌。此外，将上述 2 种情况再细分为深埋与浅埋，即一共分析 4 种重叠布局模式下的岩体破坏模式，围岩物理力学参数选取《铁路隧道设计规范》（TB 10003—2016）中的 Ⅳ 级围岩中间参数，具体分组信息见表 2-1 所示，计算参数见表 2-2，计算模型见图 2-11。

表 2-1 计算工况

新建隧道位置	埋深	中夹岩厚度
新建隧道位于上方	深埋	$0.1D \sim nD$
	浅埋	
新建隧道位于下方	深埋	
	浅埋	

深浅埋的划分按照规范中相应规定：隧道覆土厚度 $H<2.5h_a$（h_a 为隧道垂直荷载计算高度）时按浅埋隧道计算。

表 2-2 计算参数

岩体类别	重度/（kN/m³）	弹性模量/GPa	泊松比	黏聚力/MPa	内摩擦角/（°）	抗拉强度/MPa
砂岩	25.25	3.46	0.252	1.108	37.3	0.748

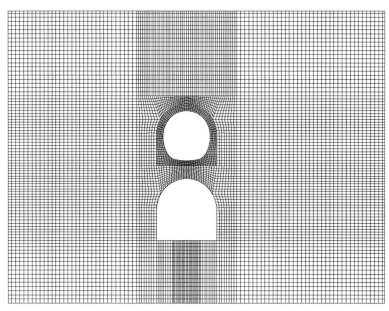

图 2-11　计算模型

　　根据模拟分析的结果，重叠布局时，中夹岩可分为 3 种模式：

　　（1）完全破坏模式：新建隧道在下方，且中夹岩厚度<0.3D 的所有情况。此外，根据模拟结果，既有隧道的埋深对这类破坏模式几乎不造成影响。

　　此时中夹岩先从中间开始破坏，随后中间和两侧的塑性区均发生贯通，已无法提供任何承载能力。同时，下方隧道两侧墙脚处出现破裂面，且沿一定角度向上延伸，详见图 2-12、图 2-13 所示。此外，既有洞室的埋深情况对中夹岩的破坏形态几乎没有影响，也进一步说明多洞室情况下既有衬砌对周围岩石的支撑稳定作用是不可忽略的。

图 2-12 中夹岩从中部开始破坏

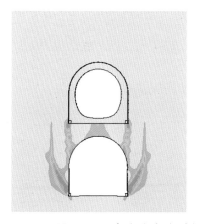 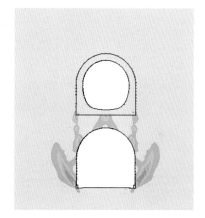

图 2-13 中夹岩完全破坏（左为浅埋、右为深埋）

（2）部分破坏模式：新建隧道在下方，$0.3D \leqslant$ 中夹岩厚度 $<0.6D$ 的所有情况。此时，在上方隧道已修建二次衬砌的情况下，下方隧道两侧墙脚处首先出现破裂面，且沿一定角度向上延伸至上方隧道的墙脚，中夹岩其他位置则未出现破裂，且既有隧道的埋深对这类破坏模式也几乎不造成影响，详见图 2-14。

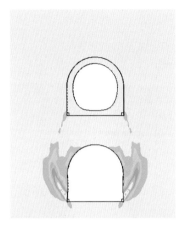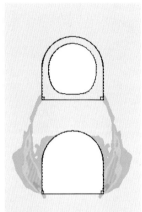

图 2-14　中夹岩部分破坏（左为浅埋、右为深埋）

　　在这种情况下，中夹岩仍然有一定的承载能力，可以承担部分由上方隧道向下传递的荷载，若能将中夹岩的这部分承载力融入设计模型，则可提高多洞室情况下的设计模型精度。

　　（3）中夹岩未发生破坏的模式：适用于新建隧道在上方的所有情况，以及新建隧道在下方且中夹岩厚度 $\geq 0.6D$ 的情况，详见图 2-15、图 2-16 所示。

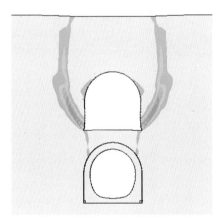

图 2-15　新建隧道在上方（左为浅埋、右为深埋）

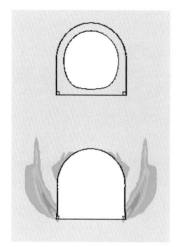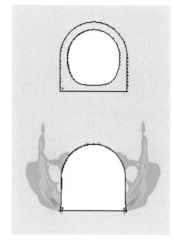

图 2-16　新建隧道在下方（左为浅埋、右为深埋）

在浅埋情况下，首先在下方隧道已修建二次衬砌时，上方隧道两侧墙脚处出现破裂面，且沿一定角度贯穿至地表；其次，隧底与下方衬砌拱圈之间的中夹岩的两边出现贯通的破裂面。在深埋情况下，首先在下方隧道已修建二次衬砌的情况下，上方隧道两侧墙脚处出现破裂面，且沿一定角度斜向上延伸；其次，隧底与下方衬砌拱圈之间的中夹岩的两边出现贯通的破裂面。在上方隧道已修建二次衬砌的情况下，下方隧道两侧墙脚处首先出现破裂面，且斜向上延伸，但中夹岩内部并不发生破坏。

综上所述，中夹岩的破坏模式可以圈定为 3 种模式：

（1）完全破坏模式，中夹岩丧失全部承载能力。

（2）部分破坏模式，中夹岩仍有一定承载能力。

（3）未发生破坏模式，中夹岩完整保留。

如果按照中夹岩的破坏模式来对多层地下洞群结构进行设计分类，则可以使设计工作更为简洁明了，一定程度上解决了以往设计中参考指标过多的问题。

2.4.2 平行布局时的破坏模式

在实际工程中，在修建水平分布隧道时，通常一侧隧道为已修建二次衬砌的状态，或者是两个洞室同时修建但是掌子面距离数十米的情况。因此本节的计算按 2 种工况进行分类：① 一侧隧道已修建衬砌，埋深为浅埋；② 一侧隧道已修建衬砌，埋深为深埋。具体分组信息见表 2-3 所示。

表 2-3 工况分组

新建隧道位置	埋深	中夹岩厚度
一侧隧道已修建衬砌	深埋	$0.2D \sim nD$
	浅埋	

浅埋的划分按照规范中相应规定，即隧道覆土厚度 $H < 2.5h_a$ 时按浅埋隧道计算。计算参数取沙坪坝地层中的砂岩参数，如表 2-2 所示。其计算模型如图 2-17 所示。

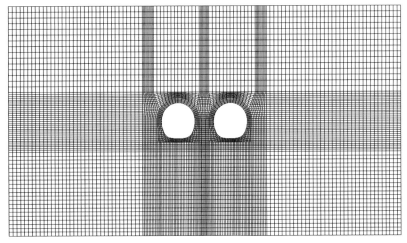

图 2-17 计算模型

根据模拟分析的结果，水平分布隧道的中夹岩可分为两种模式：

（1）中夹岩完全破坏模式：中夹岩厚度≤0.2D 的所有情况，包括浅埋和深埋。

此时中夹岩发生贯通破坏，结构处于偏压状态，详见图 2-18 所示。

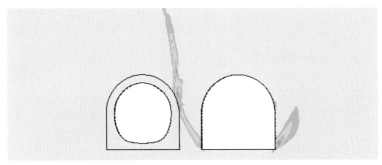

图 2-18　中夹岩贯通损坏（上为浅埋、下为深埋）

此时，浅埋情况下的中夹岩向着既有衬砌一侧出现贯通破坏，并一直延升至地表，新建洞室将处于偏压状态；深埋情况下则出现了两道破裂面，首先是墙脚之间出现贯通破裂面，其次为新建洞室边墙上部和既有洞室拱腰处的贯通破裂面。新建洞室右侧则出现由墙脚开始的斜向上的破裂面。

（2）中夹岩部分损坏模式：0.2D<中夹岩厚度<0.5D 的情况，包括浅埋和深埋。

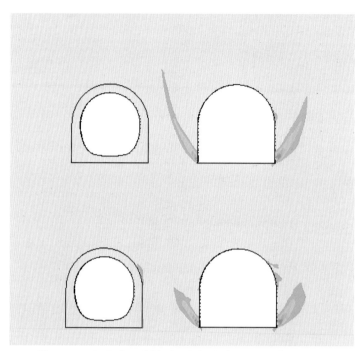

图 2-19　中夹岩两侧损坏（上为浅埋、下为深埋）

在一侧洞室已修建衬砌时，中夹岩破坏形态相比之前发生了改变，靠近既有洞室一侧出现了斜向上的破裂面，此时更倾向于单洞状态下的破裂形式，荷载可按照规范中浅埋隧道和深埋隧道的相应规定进行设计计算。

2.4.3　中夹岩破坏模式和洞室数量的关系

此外，模拟结果显示，中夹岩的破坏模式和洞室的数量并没有明显关系，详见图 2-20 所示。

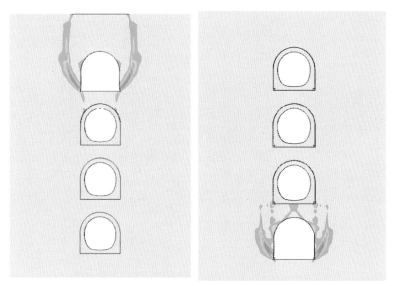

图 2-20　中夹岩破坏模式和洞室数量的关系

2.5　本章小结

本章通过双系数强度折减法分析了暗挖多层洞群的中夹岩破坏模式，同时确定了不同施工顺序下新洞室开挖的影响传递范围，得到结论如下：

（1）明确了在暗挖多层洞群模式下，新建洞室对既有结构的影响范围。

① 新建洞室带来的影响不会跨层传递：例如一个 4 层的暗挖洞群，假设其自上而下施作，则第 3 层开挖并不会影响到第 1 层的既有结构，第 4 层开挖行为的影响也止步于相邻的第 3 层而不会再向上传递。并且该规律不受施作顺序的影响。

② 不可忽视既有的衬砌结构对周围岩体的支撑作用：新建洞室开挖的影响范围之所以无法跨层传递，是由于既有结构在一定程度上保证了周边岩体的稳定性，如果仍采用毛洞的形式进行分析，势必会得出过于保守的结果。

（2）暗挖多层洞群的中夹岩存在三大类模式。

① 完全丧失承载力模式：中夹岩内部塑性区已完全贯通，无法继续承担相邻洞室的荷载。

② 仍维持一定承载力的模式：中夹岩内部发生部分破坏，此时中夹岩应该视为一个独立的承载结构，以此来提出相应的力学模型。

③ 保持原有承载力的模式：中夹岩不发生任何破坏，相邻洞室都按照一般的单洞来考虑。

第 3 章

多层次地下空间结构中夹岩力学模型与隧道设计模型

3.1 引 言

依据第 2 章研究中给出的中夹岩破坏模式，地下多层次空间结构的种类多种多样，隧道和隧道之间的角度、净距可以组合成无限多种结构形式，因此如何高效且准确地对多层次地下空间结构进行划分归类也是本次研究的一项重点。

若仍然依据净距、夹角等几何参数对多层次地下空间结构进行分类归纳，则会使得本身复杂的空间体系变得更为细致烦琐。实际上，对于多洞室的情况，其最大的不同点在于洞室之间存在中夹岩，中夹岩起到了维持相邻洞室稳定性的关键作用，此时设计和施工的重点也往往转移到控制中夹岩的稳定性上。在实际工程中，中夹岩一般会出现三种情况（图 1-13）：

（1）中夹岩厚度非常小时，在施工扰动下完全无法进行保全，会出现大面积塌落甚至断裂情况。

（2）中夹岩出现部分塌落和开裂的情况，及时采用注浆加固等措施就可以使其稳定。

（3）中夹岩厚度很大，相邻隧道都可以按照正常的单洞室进行设计。

因此，如果以中夹岩的受力和破坏模式来划分多层次地下空间结构，则可以将任何分布形态的结构均归纳成简单的 3 类。

综上所述，本次研究先采用模拟围岩和中夹岩破坏模式的方法，再依据中夹岩破坏模式对多层次地下空间结构进行划分，将破坏类型一致的结构形式归为一类，以此将复杂的地下多层次结构进行高效归纳，并在此基础上提出空间结构的设计模型。

3.2　重叠子体系设计模型

根据 2.4 节中重叠分布隧道的中夹岩破坏模式，将重叠分布隧道的结构设计模型分为 3 类（图 3-1）：

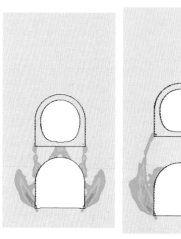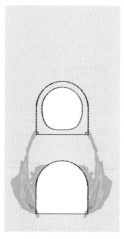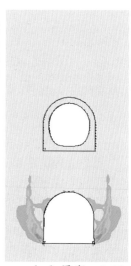

（a）厚度<0.3D　　　b. 0.3D≤厚度<0.6D　　　（c）厚度≥0.6D

图 3-1　三种设计模型对应的中夹岩破坏模式

（1）整体式设计模型：适用于新建隧道在下方且中夹岩厚度<0.3D 的情况，此时中夹岩完全破坏且无法提供承载力，两个洞室按照一个整体大洞室进行考虑。

（2）组合式设计模型：适用于新建隧道在下方且中夹岩厚度在 0.3D ~ 0.6D 的情况，此时中夹岩两侧发生部分破坏，可以在下方围岩的支撑下提供一定的承载力，中夹岩实际上是施工期的一个承载结构，保证了上下洞室的稳定。在这种模式下，先建立中夹岩的力学计算模型，再建立隧道的荷载-结构模型。

（3）单洞式设计模型：适用于新建隧道在上方，以及新建隧道在下方但中夹岩厚度>0.6D 的情况。此时中夹岩不发生贯通破坏，相邻洞室都按照普通单洞进行设计。

3.2.1　整体式设计模型

在整体模式下，中夹岩已经完全丧失承载能力，上下洞室应该按照一个整体的大洞室进行考虑。洞室的高度为两个洞室的高度再加上中夹岩的厚度的总和。该模式的荷载-结构模型如图 3-2 所示。

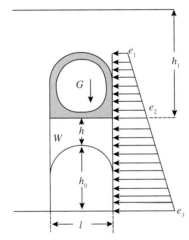

图 3-2　荷载-结构模型

新建隧道在垂直方向上需承受中夹岩的重量 W 和既有衬砌结构向下传递的荷载 G。在水平方向上，将既有隧道和新建隧道作为一个整体大洞室来计算侧向荷载，e_2 和 e_3 的大小应根据既有洞室的埋深来确定。综上所述，荷载计算方法如下：

1. 垂直荷载

$$q = \gamma h + G/l$$

2. 水平荷载

（1）既有隧道为浅埋：

$$e_2 = \gamma h_1 \lambda_1$$
$$e_3 = \gamma (h_1 + h + h_0) \lambda_1$$

（2）既有隧道为深埋：

$$e_2 = \gamma (h_a + h_0) \lambda_2$$
$$e_3 = \gamma (h_a + h + 2h_0) \lambda_2$$

其中：l——新建洞室宽度（m）；

　　　G——既有衬砌结构向下传递的荷载（kN）；

　　　h——中夹岩厚度（m）；

　　　h_0——新建洞室高度（m）；

　　　h_1——地表至既有隧道底面距离（m）；

　　　h_a——深埋围岩压力计算高度，$h_a = 0.45 \times 2^{s-1} \omega$[参照《铁路隧道设计规范》（TB 10003—2016）附录 D]；

　　　λ_1、λ_2——浅埋和深埋的侧向土压力系数[参照《铁路隧道设计规范》（TB 10003—2016）附录 D、E]。

该模式下由于"整体洞室"的高度要明显高于单个洞室，因此新建隧道的侧压力将会明显高于一般单洞隧道，这也很好地解释了部分学者研究中发现的下穿隧道的侧压力比垂直压力高出非常多的现象。

3.2.2　组合式设计模型

在组合模式下，中夹岩也应作为结构设计的一部分：在新建隧道的衬砌施作前，中夹岩实际是作为一个承载结构来保证毛洞的稳定性，因此应该先建立一套中夹岩结构的计算方法，在此基础上再对新建隧道进行结构计算。

1. 中夹岩力学模型

根据 2.4.1 节中的得到的破裂面位置，实际发生破裂的地方为中夹岩两侧再偏外一点的位置，中夹岩两端实际上受到了下方围岩的支撑作用，见图 3-3 所示。为判定中夹岩的构件类型，提取不同厚度下的中夹岩弯矩来进行分析，见图 3-4 所示。

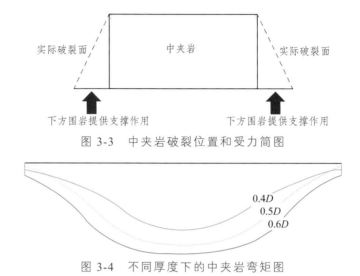

图 3-3　中夹岩破裂位置和受力简图

图 3-4　不同厚度下的中夹岩弯矩图

由上图可知，当厚度为 0.4D ~ 0.6D 时，中夹岩的弯矩呈对称抛物线分布，且两端的弯矩接近于零，和简支梁的弯矩分布模式基本吻合。因此，可将此时的中夹岩作为上部承受既有衬砌向下传递的荷载，两端有支座提供竖向力的一个简支梁。再根据弹性力学常体力的简化方法，先不计其体力，而用施加在梁上的面力作为替代。因此最终的中夹岩力学模型为上表面受到均布荷载，下表面自由的简支梁，上表面均布荷载是梁的体力和受到既有衬砌挤压的合力。梁高度为 h，长度为 l，坐标原点为梁的中心，详见图 3-5 所示。

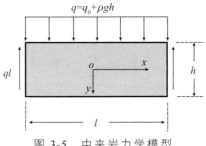

图 3-5　中夹岩力学模型

采用应力函数法对该力学模型进行求解，该梁的挤压应力由上部均布荷载引起，即 σ_y 和 x 无关，而是有关于 y 的函数。因此可假设：

$$\sigma_y = \frac{\partial^2 \varphi}{\partial x^2} = f(y)$$

积分后得到：

$$\varphi = \frac{x^2}{2} f(y) + x f_1(y) + f_2(y)$$

再带入相容方程 $\nabla^4 \varphi = 0$ 可得：

$$\frac{1}{2} f^{(4)}(y) x^2 + f_1^{(4)}(y) x + f_2^{(4)}(y) + 2 f''(y) = 0$$

上式成立的条件为：

$$\begin{cases} f^{(4)}(y) = 0 \\ f_1^{(4)}(y) = 0 \\ f_2^{(4)}(y) + 2 f''(y) = 0 \end{cases}$$

可解得：

$$\begin{cases} f(y) = Ay^3 + By^2 + Cy + D \\ f_1(y) = Ey^3 + Fy^2 + Gy \\ f_2(y) = -\frac{A}{10} y^5 - \frac{B}{6} y^4 + Hy^3 + Ky^2 \end{cases}$$

带入应力函数 φ 中可得：

$$\varphi = \frac{x^2}{2}(Ay^3 + By^2 + Cy + D) + x(Ey^3 + Ey^2 + Gy) - \frac{A}{10}y^5 - \frac{B}{6}y^4 + Hy^3 + Ky^2$$

根据构件的边界条件和圣维南放松原理可得：

$$(\sigma_y)_{y=-\frac{h}{2}} = -q , \quad (\tau_{yx})_{y=-\frac{h}{2}} = 0 ,$$

$$(\sigma_y)_{y=\frac{h}{2}} = 0 , \quad (\tau_{yx})_{y=\frac{h}{2}} = 0$$

$$\int_{-\frac{h}{2}}^{\frac{h}{2}}(\sigma_x)_{x=l}\,\mathrm{d}y = 0 , \quad \int_{-\frac{h}{2}}^{\frac{h}{2}}y(\sigma_x)_{x=l}\,\mathrm{d}y = 0 , \quad \int_{-\frac{h}{2}}^{\frac{h}{2}}(\tau_{xy})_{x=l}\,\mathrm{d}y = -ql$$

解出应力函数中各个分项系数，最后得到各个应力分量如下：

$$\begin{cases} \sigma_x = \dfrac{q(6l^2 - 6x^2 + 4y^3)}{h^3} - \dfrac{3qy}{5h} \\ \sigma_y = -\dfrac{q}{2}\left(1 + \dfrac{y}{h}\right)\left(1 - \dfrac{2y}{h}\right)^2 \\ \tau_{xy} = \dfrac{3qx(4y^2 - h^2)}{2h^3} \end{cases}$$

采用上述公式计算中夹岩的结构应力，再依据应力是否超过材料的强度限值来对中夹岩作出评价，检查其是否可满足承载力要求，即可完成重叠隧道组合模式结构设计中的第一步。

2. 新建隧道的荷载-结构模型

根据 2.4.1 节计算结果，组合模式下新建隧道的墙脚产生斜向上破裂面，并延伸至拱顶位置，随后转向既有衬砌的墙脚位置。中夹岩下沉时受到两侧三棱体的挟持力 T 的作用，三棱体 AC、BD 面受到两侧围岩的支撑力 F，见图 3-6 所示。根据力的平衡原理，作出一侧三棱体的力学矢量平衡关系，见图 3-7 所示。

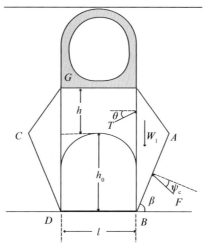

图 3-6　围岩压力计算简图

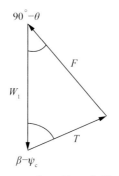

图 3-7　楔形体受力模式

三棱体自重为：

$$W_1 = \frac{h(h+h_0)\gamma}{2 \times \tan\beta}$$

根据正弦定理可得：

$$\frac{T}{W_1} = \frac{\sin(\beta - \varphi_c)}{\cos(\theta + \varphi_c - \beta)}$$

$$T = \frac{h(h+h_0)\gamma}{2} \times \frac{\sin\beta\cos\varphi_c - \cos\beta\sin\varphi_c}{\cos(\theta+\varphi_c)\sin\beta + \sin(\theta+\varphi_c)\sin\beta\tan\beta}$$

当 T 达到最大值时的 AB、CD 滑动面才是极限状态下的自然破裂面，因此令 $\tan\beta = x$，求 T 关于 x 的导数来得到极限状态的 β 值。

$$\frac{dT}{dx} = \frac{\gamma h(h+h_0)}{2} \times \left\{ \frac{\sin\varphi_c \times [\cos(\theta+\varphi_c) + 2x\sin(\theta+\varphi_c)]}{\left[x\cos(\theta+\varphi_c) + x^2\sin(\theta+\varphi_c)\right]^2} - \frac{\cos\varphi_c\sin(\theta+\varphi_c)}{\left[\cos(\theta+\varphi_c) + x\sin(\theta+\varphi_c)\right]^2} \right\}$$

令 $\dfrac{dT}{dx} = 0$ 可得：

$$\tan\beta = \tan\varphi_c + \sqrt{\tan^2\varphi_c - \tan\varphi_c\cot(\theta+\varphi_c)}$$

则中夹岩部分的下滑力 T_1 则为：

$$T_1 = \frac{h^2}{(h+h_0)^2} \cdot T = \frac{\gamma h_0 h^2}{2(h+h_0)} \cdot \frac{\cos\varphi_c - \sin\varphi_c/\tan\beta}{\cos(\theta+\varphi_c) + \sin(\theta+\varphi_c)\tan\beta}$$

最后可求出新建隧道的垂直荷载 q 及侧压力系数 λ：

$$q = \gamma h + G/l - 2T_1\sin\theta/l$$

$$q = \gamma h + G/l - \frac{\gamma h_0 h^2}{(h+h_0)l} \cdot \frac{\sin\theta(\cos\varphi_c - \sin\varphi_c/\tan\beta)}{\cos(\theta+\varphi_c) + \sin(\theta+\varphi_c)\tan\beta}$$

$$\lambda = \frac{\cos\theta\cos\varphi_c - \sin\varphi_c\cos\theta/\tan\beta}{\cos(\theta+\varphi_c) + \sin(\theta+\varphi_c)\tan\beta}$$

其中：l——新建洞室宽度（m）；

G——既有衬砌向下传递的荷载（kN）；

h——中夹岩高度（m）；

h_0——新建洞室高度（m）；

φ_c——围岩摩擦角（°）；

θ——中夹岩摩擦角（°）；

β——产生最大推力时的破裂角（°）。

3.2.3 单洞式设计模型

在单洞模式下，可依据现行的《铁路隧道设计规范》（TB 10003）中浅埋和深埋隧道的荷载-结构模型及计算公式对隧道进行设计。

1. 浅埋情况

浅埋隧道破坏模式及荷载-结构模型见图 3-8、图 3-9 所示。

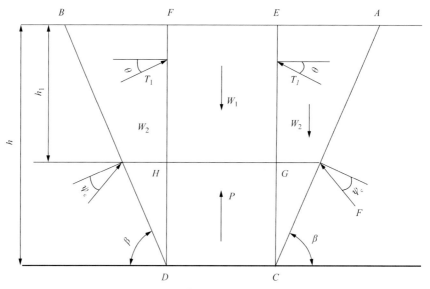

图 3-8 浅埋隧道破坏模式

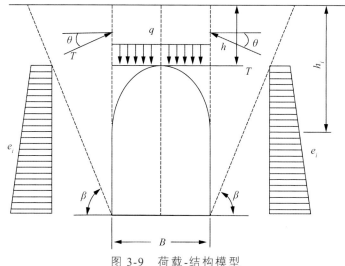

图 3-9 荷载-结构模型

① 假定在土体中形成的破裂滑面是一与水平面呈 β 角的斜直面。

② 滑移面 FH、EG 并非破裂滑移面。

③ 假定洞顶上覆土柱 $FEGH$ 下沉，从而带动两侧土体 ACE 及 BDF 下沉，出现 AC 及 BD 破裂面。当土柱 $FEGH$ 下沉时，两侧土体对它施加有摩阻力 T_1，而当破裂面间的土体 $ABDC$ 下沉时，又受到未扰动土体的阻碍。

由此，在整个土体 $ABDC$ 下沉时，其作用力与反作用力为：洞顶上方土体 $FEGH$ 自重 W_1；形成最大破裂面的两侧三棱体 ACE 及 BDF 的自重 W_2；两三棱柱施加于土柱的摩阻力 T_1；破裂面 AC、BD 外侧土体给予的阻力 F。

根据力学平衡条件，浅埋隧道荷载采用下式计算：

$$\psi = W_1 + 2W_2 - 2F_y$$

当 ψ 等于 0 即为深浅埋的判据。

深浅埋的临界深度可由以上理论进行推导：

（1）土柱自重。

$$W_1 = \gamma h_1 B_0$$

$$W_2 = \frac{\gamma h^2}{2\tan\beta}$$

式中：γ——围岩重度；

β——破裂角；

h_1——地面到隧道顶部距离；

h——地面到隧道底部距离；

B_0——开挖跨度。

（2）阻力 F 的计算。

按照土体学理论及力的平衡原理，得到摩阻力 T_1 的计算式：

$$T_1 = \frac{1}{2}\gamma h^2 \frac{\lambda}{\cos\theta}$$

式中：λ 为侧压力系数，计算式为：

$$\lambda = \frac{\tan\beta - \tan\varphi_c}{\tan\beta[1 + \tan\beta(\tan\varphi_c - \tan\theta) + \tan\varphi_c\tan\theta]}$$

破裂角的计算式如下：

根据三力平衡原理得到阻力 F 的计算式：

$$F = \frac{\sin(90° + \theta)}{\sin[90° - (\beta - \varphi_c + \theta)]} \cdot W_2$$

垂直压力可按下式计算：

$$q = \gamma h(1 - \frac{\lambda h\tan\theta}{B})$$

$$\lambda = \frac{\tan\beta - \tan\varphi_c}{\tan\beta[1 + \tan\beta(\tan\varphi_c - \tan\theta) + \tan\varphi_c\tan\theta]}$$

$$\tan\beta = \tan\varphi_c + \sqrt{\frac{(\tan^2\varphi_c + 1)\tan\varphi_c}{\tan\varphi_c - \tan\theta}}$$

式中：B——坑道跨度（m）；

γ——围岩重度（kN/m^3）；

h——洞顶地面高度（m）；

θ——顶板土柱两侧摩擦角（°），为经验数值；

λ——侧压力系数；

φ_c——围岩计算摩擦角（°）；

β——产生最大推力时的破裂角（°）。

水平压力可按下式计算：

$$e_i = \gamma h_i \lambda$$

式中：h_i——内外侧任意点至地面的距离（m）。

2. 深埋情况

洞室开挖后，顶部岩体将形成一自然平衡拱。在洞室的侧壁处，沿与侧壁夹角为 $45° - \dfrac{\varphi}{2}$ 的方向产生两个滑动面，其计算简图如图 3-10 所示。而作用在顶部的围岩压力仅是自然平衡拱内的岩体自重。

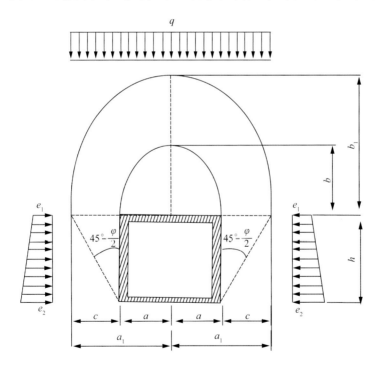

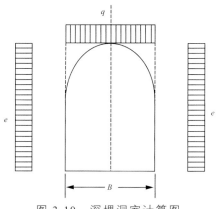

图 3-10　深埋洞室计算图

垂直匀布压力可按下式计算确定：

$$q = \gamma h$$

$$h = 0.45 \times 2^{s-1} \omega$$

式中：s——围岩级别；

ω——宽度影响系数，$\omega = 1 + i(B - 5)$；

B——坑道宽度（m）；

i——B 每增减 1 m 时的围岩压力增减率：当 $B<1$ m 时，取
　　　　$i = 0.2$；$B>1$ m 时，可取 $i = 0.1$。

水平匀布压力可按表 3-1 的规定确定。

表 3-1　围岩水平匀布压力

围岩级别	Ⅰ ~ Ⅱ	Ⅲ	Ⅳ	Ⅴ	Ⅵ
水平匀布压力	0	$<0.15q$	$(0.15 \sim 0.30)q$	$(0.30 \sim 0.50)q$	$(0.50 \sim 1.00)q$

3.3　水平分布隧道结构设计模型

目前，单个洞室的设计技术主要参考《铁路隧道设计规范》等中的相关条文，确定其设计荷载大小的核心在于围岩的破坏和受力

模式：如浅埋情况遵循破裂角理论，而深埋情况则遵循承载拱理论。而对于多洞室情况，结构设计的依据则需要同时考虑围岩破坏模式和中夹岩的受力情况。特别是在中夹岩仍保持了承载力的情况下，其应被当作施工期间的关键承载结构，故先对施工期间中夹岩进行力学计算，再对衬砌结构进行设计计算。

根据 2.4.2 节中水平分布隧道的中夹岩破坏模式，将水平分布隧道的结构设计模型分为两类：

（1）整体式设计模型：适用于中夹岩完全破坏且无法提供承载力的情况，两个洞室按照一个整体大洞室进行考虑。

（2）单洞式设计模型：适用于中夹岩不发生贯通破坏的情况，相邻洞室都按照普通单洞进行设计。

3.3.1　整体式设计模型

在该模式下，需要建立中夹岩力学计算模型和衬砌的荷载-结构模型来完成隧道的设计工作。

1. 中夹岩力学计算模型

建立相应的数值模型，分析中夹岩层自身受力和其厚度的关系，中夹岩层厚度分别取 $0.1D$、$0.5D$，计算后作出中夹岩层各截面弯矩图，以此来初步判定其受力模式。

（1）中夹岩层厚度为 $0.1D$，其轴力和弯矩图如图 3-11、图 3-12 所示。

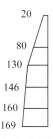

20
80
130
146
160
169

图 3-11　$0.1D$ 厚度的中夹岩层轴力图（单位：kN）

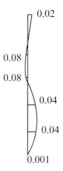

图 3-12　0.1D 厚度的中夹岩层弯矩图（单位：kN·m）

（2）中夹岩层厚度为 0.5D，其轴力和弯矩如图 3-13、图 3-14 所示。

图 3-13　0.5D 厚度的中夹岩层轴力图（单位：kN）

图 3-14　0.5D 厚度的中夹岩层弯矩图（单位：kN·m）

由上图可知，中夹岩层的轴力图呈现梯形分布，弯矩则接近于零，该受力模式与下端固定、上端受均布荷载的承力柱十分类似，因此可按照该种构件来建立理论分析模型，得出中夹岩层内各点应力情况，以应力是否超过材料限值来对中夹岩进行设计计算。

根据上述分析，可将有支护情况下左右并行洞室的中夹岩层的受力模型定义为轴心受力构件，假定中夹岩层上方围岩荷载以均布荷载的方式施加到岩层上表面，此时中夹岩层可被认为是下端为固定端的承力柱（图 3-15）。

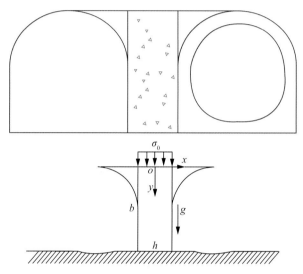

图 3-15　水平双洞中夹岩受力模型

可得中夹岩的应力解为：

$$
\begin{cases}
\sigma_x = 0 \\
\sigma_y = -\sigma_0 - \rho g y \\
\tau_{xy} = 0
\end{cases}
$$

2. 衬砌荷载 - 结构计算模型

（1）浅埋隧道荷载计算方法。

浅埋破裂面示意图见图 3-16。

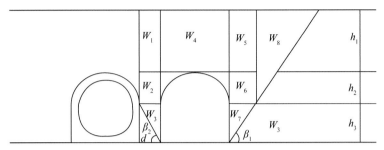

图 3-16　浅埋破裂面示意图

受力分解示意图如图 3-17 所示。

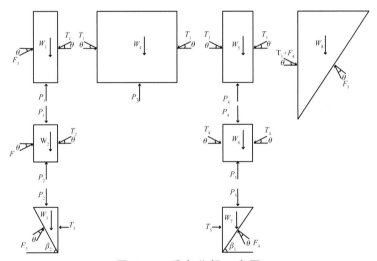

图 3-17　受力分解示意图

假设如下：

① $F_1\cos\theta$、$F_2\cos\theta$ 为静止侧向土压力的合力。

② 隧道拱部衬砌侧面左右两侧受到土侧压力合力为 T_2、T_4，直边墙衬砌侧面左右两侧受到土侧压力合力为 T_3、T_5，均表现为梯形分布的形式；隧道拱部衬砌上部受到土压力合力为 P_3，表现为均布压力。

③ 中夹岩部分破裂角为从拱墙底延伸到邻近隧道的拱墙底

部，并进一步垂直延伸到地面，$\tan\beta_2 = h_3/d$；β_1 为一般单洞浅埋荷载计算的破裂角。

由上述假定进一步进行如下公式推导：

根据力学平衡的原理有：

$$F_1\cos\theta = \frac{\lambda\gamma h_1^2}{2}$$

$$F_1\cos\theta = T_1\cos\theta$$

$$T_1 = F_1 = \frac{\lambda\gamma h_1^2}{2\cos\theta}$$

$$P_1 = W_1 + T_1\sin\theta - F_1\sin\theta = \gamma d h_1$$

同理可得：

$$P_2 = \gamma d(h_1 + h_2)$$

$$T_2 = \frac{\lambda\gamma h_2^2}{2\cos\theta} + \frac{\lambda\gamma h_1 h_2}{\cos\theta}$$

由水平方向的平衡关系得：

$$F_3\sin(90° - \beta_2 + \theta) = P_2 + W_3 = d(h_1 + h_2)\gamma + \frac{dh_3\gamma}{2}$$

$$T_3 = F_3\cos(90° - \beta_2 + \theta)$$

$$T_3 = \frac{d(h_1 + h_2)\gamma}{\tan(90° - \beta_2 + \theta)} + \frac{dh_3\gamma}{2\tan(90° - \beta_2 + \theta)}$$

$$P_3 = W_4 + 2T_1\sin\theta = \gamma B h_1 + \lambda\gamma h_1\tan\theta$$

$$P_4 = \frac{\gamma h_3 h_1}{\tan \beta_4} + \lambda \gamma h_1 \tan \theta$$

$$F_5 \sin(90° + \theta - \beta_1) = W_8 + (T_1 + T_2) \sin \theta$$

$$= \frac{\gamma (h_1 + h_2)^2}{2 \tan \theta} + \left(\frac{\lambda \gamma h_1^2}{2 \cos \theta} + T_4 \right) \sin \theta$$

$$F_5 \cos(90° + \theta - \beta_1) = (T_1 + T_2) \cos \theta$$

$$= \left(\frac{\lambda \gamma h_1^2}{2 \cos \theta} + T_4 \right) \cos \theta$$

求解可得：

$$T_4 = \frac{\gamma (h_1 + h_2)^2}{2A \tan \theta} + \frac{\lambda \gamma h_1^2 \tan \theta}{2A} - \frac{\lambda \gamma h_1^2 \tan(90° + \theta - \beta_1)}{2A}$$

$$A = \cos \theta \tan(90° + \theta - \beta_1) - \sin \theta$$

$$P_5 = P_4 + W_6 + 2T_4 \sin \theta$$

$$= \frac{\gamma h_3 h_1}{\tan \beta_1} + \lambda \gamma h_1 \tan \theta + \frac{\gamma h_2 h_3}{\tan \beta_1} + 2T_4 \sin \theta$$

$$= \frac{\gamma h_3 h_1}{\tan \beta_1} + \lambda \gamma h_1 \tan \theta + \frac{\gamma h_2 h_3}{\tan \beta_1} +$$

$$2 \sin \theta \left[\frac{\gamma (h_1 + h_2)^2}{2A \tan \theta} + \frac{\lambda \gamma h_1^2 \tan \theta}{2A} - \frac{\lambda \gamma h_1^2 \tan(90° + \theta - \beta_1)}{2A} \right]$$

$$W_7 = \frac{\gamma h_3^2}{2 \tan \beta_1}$$

同理根据力学平衡原理有：

$$T_5 = F_4 \cos(90° - \beta_1 + \theta)$$

$$F_4 \sin(90° - \beta_1 + \theta) = P_5 + W_7$$

可求解出：

$$T_5 = \frac{P_5 + W_7}{\tan(90° - \beta_1 + \theta)}$$

$$= \frac{\gamma h_3 h_1}{\tan\beta_1 \tan(90° - \beta_1 + \theta)} + \frac{\lambda\gamma h_1 \tan\theta}{\tan(90° - \beta_1 + \theta)} +$$

$$\frac{\gamma h_2 h_3}{\tan\beta_1 \tan(90° - \beta_1 + \theta)} + \frac{2\sin\theta}{\tan(90° - \beta_1 + \theta)}$$

$$\left[\frac{\gamma(h_1 + h_2)^2}{2A\tan\theta} + \frac{\lambda\gamma h_1^2 \tan\theta}{2A} - \frac{\lambda\gamma h_1^2 \tan(90° + \theta - \beta_1)}{2A} \right] +$$

$$\frac{\gamma h_3^2}{2\tan\beta_1 \tan(90° - \beta_1 + \theta)}$$

综上可得单层并行洞室计算荷载如下：

$$P_3 = W_4 + 2T_1 \sin\theta = \gamma B h_1 + \lambda\gamma h_1 \tan\theta$$

$$T_2 = \frac{\lambda\gamma h_2^2}{2\cos\theta} + \frac{\lambda\gamma h_1 h_2}{\cos\theta}$$

$$T_3 = \frac{d(h_1 + h_2)\gamma}{\tan(90° - \beta_2 + \theta)} + \frac{dh_3\gamma}{2\tan(90° - \beta_2 + \theta)}$$

$$T_4 = \frac{\gamma(h_1 + h_2)^2}{2A\tan\theta} + \frac{\lambda\gamma h_1^2 \tan\theta}{2A} - \frac{\lambda\gamma h_1^2 \tan(90° + \theta - \beta_1)}{2A}$$

$$A = \cos\theta \tan(90° + \theta - \beta_1) - \sin\theta$$

$$T_5 = \frac{P_5 + W_7}{\tan(90° - \beta_1 + \theta)}$$

$$= \frac{\gamma h_3 h_1}{\tan\beta_1 \tan(90° - \beta_1 + \theta)} + \frac{\lambda\gamma h_1 \tan\theta}{\tan(90° - \beta_1 + \theta)} +$$

$$\frac{\gamma h_2 h_3}{\tan\beta_1 \tan(90° - \beta_1 + \theta)} + \frac{2\sin\theta}{\tan(90° - \beta_1 + \theta)}$$

$$\left[\frac{\gamma(h_1 + h_2)^2}{2A\tan\theta} + \frac{\lambda\gamma h_1^2 \tan\theta}{2A} - \frac{\lambda\gamma h_1^2 \tan(90° + \theta - \beta_1)}{2A} \right] +$$

$$\frac{\gamma h_3^2}{2\tan\beta_1 \tan(90° - \beta_1 + \theta)}$$

最终受力示意如图 3-18 所示。

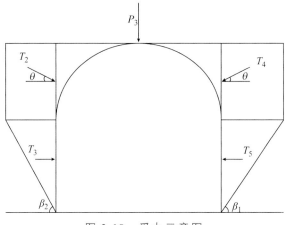

图 3-18　受力示意图

荷载计算图如图 3-19 所示。

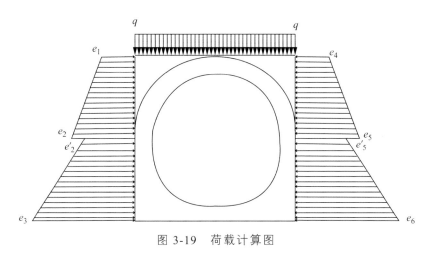

图 3-19　荷载计算图

根据假定隧道上方受到均布荷载作用，侧面受到梯形荷载作用，通过对侧压力系数进行修正，得如下计算公式：

① 隧道上方受到的均布荷载

$$q = \frac{P_3}{B} = \frac{W_4 + 2T_1 \sin\theta}{B} = \gamma h_1 + \frac{\lambda \gamma h_1 \tan\theta}{B}$$

② 对于左侧拱部侧面的土体侧压力系数进行修正有：

拱部上方侧压力为：

$$e_1 = \lambda_1 q = \lambda_1 \frac{W_4 + 2T_1 \sin\theta}{B} = \lambda_1 \gamma h_1 + \lambda_1 \frac{\lambda \gamma h_1 \tan\theta}{B}$$

$$\frac{(e_1 + e_2)h_2}{2} = T_2 \cos\theta$$

$$e_2 = e_1 + \lambda_1 \gamma h_2$$

拱部左侧侧面土体侧压力系数修正值：

$$\lambda_1 = \frac{2T_2 \cos\theta}{\left(2\gamma h_1 + \dfrac{2\lambda \gamma h_1 \tan\theta}{B} + \gamma h_2\right)h_2}$$

③ 对于左侧边墙侧面的土体侧压力系数进行修正有：

$$e_2' = \lambda_2(q + h_2\gamma) = \lambda_2\left(\frac{W_4 + 2T_1 \sin\theta}{B} + h_2\gamma\right) = \lambda_2 \gamma h_1 + \lambda_2 \frac{\lambda \gamma h_1 \tan\theta}{B} + \lambda_2 h_2 h_2\gamma$$

$$\frac{(e_2' + e_3)h_3}{2} = T_3$$

$$e_3 = e_2' + \lambda_2 \gamma h_3$$

左侧拱墙侧面的土体侧压力系数修正值

$$\lambda_2 = \frac{2T_3}{\left(2\gamma h_1 + 2\dfrac{\lambda \gamma h_1 \tan\theta}{B} + 2h_2\gamma + \gamma h_3\right)h_3}$$

④ 对于右侧拱部侧面的土体侧压力系数进行修正有：

$$e_4 = \lambda_3 q = \lambda_3 \frac{W_4 + 2T_1 \sin\theta}{B} = \lambda_3 \gamma h_1 + \lambda_3 \frac{\lambda \gamma h_1 \tan\theta}{B}$$

$$\frac{(e_4 + e_5)h_2}{2} = T_4 \cos\theta$$

$$e_5 = e_4 + \lambda_3 \gamma h_2$$

拱部右侧侧面土体侧压力系数修正值：

$$\lambda_3 = \frac{2T_4 \cos\theta}{h_2 \left(2\gamma h_1 + \dfrac{2\lambda \gamma h_1 \tan\theta}{B} + \gamma h_2 \right)}$$

⑤ 对于右侧边墙侧面的土体侧压力系数进行修正有：

$$e_5' = \lambda_4 (q + h_2 \gamma) = \lambda_4 \left(\frac{W_4 + 2T_1 \sin\theta}{B} + h_2 \gamma \right) = \lambda_4 \gamma h_1 + \lambda_4 \frac{\lambda \gamma h_1 \tan\theta}{B} + \lambda_4 h_2 \gamma$$

$$\frac{(e_5' + e_6)h_3}{2} = T_5$$

$$e_6 = e_5' + \lambda_4 \gamma h_3$$

左侧拱墙侧面的土体侧压力系数修正值

$$\lambda_4 = \frac{2T_5}{\left(2\gamma h_1 h_3 + 2\dfrac{\lambda \gamma h_1 h_3 \tan\theta}{B} + 2h_2 h_3 \gamma + \gamma h_3^2 \right)}$$

（2）深埋隧道荷载计算公式推导。

假定如下：

① 岩体由于节理的切割，经开挖后形成松散岩体，但仍具有一定的黏结力。

② 隧道开挖后，隧道顶岩体将形成一自然平衡拱。中夹岩部位的破裂面从拱墙脚部位延伸到邻近隧道的拱脚部位进而产生一个

滑动面，另外一侧则沿与侧壁夹角为 $45° - \dfrac{\varphi}{2}$ 的方向产生一个滑动面，而作用在硐顶的围岩压力仅是自然平衡拱内的岩体自重。

③ 采用坚固系数 f 来表征岩体的强度。其物理意义为：

$$f = \frac{\sigma}{\tau} = \frac{c}{\sigma} + \tan\varphi$$

但在实际应用中，普氏理论采用了一个经验计算公式，可方便地求得 f 值，即

$$f = \frac{R_c}{10}$$

式中：R_c——单轴抗压强度（MPa）；

f——一个量纲为 1 的经验系数，在实际应用中，还得同时考虑岩体的完整性和地下水的影响。

④ 形成的自然平衡拱的隧道顶岩体只承受压应力不受拉应力。

其计算简图如图 3-20 所示。

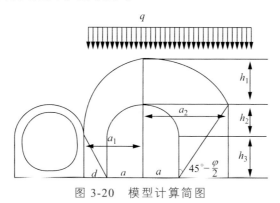

图 3-20　模型计算简图

① 邻近中夹岩一侧自然平衡拱拱轴线方程的确定。

先假设拱轴线是一条二次曲线，如图 3-21 所示。

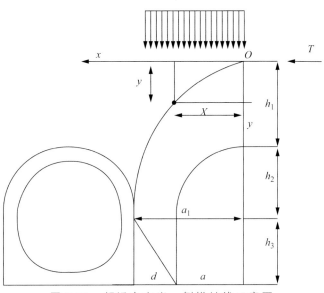

图 3-21　邻近中夹岩一侧拱轴线示意图

在拱轴线上任取一点 $M(x, y)$，根据拱轴线不能承受拉力的条件，则所有外力对 M 点的弯矩应为零，即

$$Ty - \frac{qx^2}{2} = 0 \qquad\qquad (3\text{-}1)$$

式中：q——拱轴线上部岩体的自重所产生的均布荷载；

　　　　T——平衡拱拱顶截面的水平推力；

　　　　x、y——M 点的 x、y 轴坐标。

上述方程中有两个未知数，还需建立一个方程才能求得其解。由静力平衡方程可知，上述方程中的水平推力 T 与作用在拱脚的水平推力 T' 数值相等，方向相反，即

$$T = T'$$

由于拱脚很容易产生水平位移而改变整个拱的内力分布，因此普氏认为拱脚的水平推力 T' 必须满足下列要求

$$T' \leqslant qa_1f$$

即作用在拱脚处的水平推力必须小于或者等于垂直反力所产生的最大摩擦力，以便保持拱脚的稳定。此外，为了安全，又将水平推力降低一半后，令 $T=qa_1f/2$，代入式（3-1）可得拱轴线方程为：

$$y = \frac{x^2}{a_1f}$$

$$b_1 = \frac{a_1}{f}$$

式中：b_1——邻近中夹岩一侧自然平衡拱拱顶至隧道拱脚的垂直高度；

a_1——邻近中夹岩一侧自然平衡拱的最大跨度，$a_1 = a + d$；

可知平衡拱高度为：

$$h_1^1 = b_1 - h_2$$

② 远离中夹岩一侧自然平衡拱拱轴线方程的确定。

先假设拱周线是一条二次曲线，如图 3-22 所示。

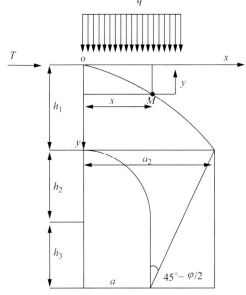

图 3-22　远离中夹岩一侧拱轴线示意图

在拱轴线上任取一点 $M(x, y)$，根据拱轴线不能承受拉力的条件，则所有外力对 M 点的弯矩应为零，即

$$Ty - \frac{qx^2}{2} = 0 \qquad\qquad (3\text{-}2)$$

式中：q——拱轴线上部岩体的自重所产生的均布荷载；

$\quad\quad T$——平衡拱拱顶截面的水平推力；

$\quad\quad x, y$——M 点的 x, y 轴坐标。

上述方程中有两个未知数，还需建立一个方程才能求得其解。由静力平衡方程可知，上述方程中的水平推力 T 与作用在拱脚的水平推力 T' 数值相等，方向相反，即

$$T = T'$$

由于拱脚很容易产生水平位移而改变整个拱的内力分布，因此普氏认为拱脚的水平推力 T' 必须满足下列要求

$$T' \leqslant qa_2 f$$

即作用在拱脚处的水平推力必须小于或者等于垂直反力所产生的最大摩擦力，以便保持拱脚的稳定。此外，为了安全，又将水平推力降低一半后，令 $T = qa_2 f / 2$，代入（3-2）式可得拱轴线方程为：

$$y = \frac{x^2}{a_1 f}$$

$$h_1^2 = \frac{a_2}{f}$$

式中：h_1^2——远离中夹岩一侧自然平衡拱的最大高度；

$\quad\quad a_2$——远离中夹岩一侧自然平衡拱的最大跨度，其中

$\quad\quad\quad a_2 = (h_1 + h_2)\tan(45° + \varphi/2)$，$\varphi$ 为围岩的摩擦角。

③ 围岩压力计算。

作用在深埋松散岩体隧道顶部的围岩压力仅为拱内岩体的自重。但是，在工程中通常为了方便，将隧道拱顶的最大围岩压力作

为均布荷载，不计拱轴线的变化而引起的围岩压力变化。而由上述计算可知，隧道两侧计算出来的平衡拱最大高度是不一致的，为了保守起见取两者最大值进行计算：

$$h_1 = \max(h_1^1, h_1^2)$$

据此，隧道拱顶最大围岩压力可按下式计算：

$$q = \gamma h_1$$

侧向压力可按下式计算：

$$e_1 = \lambda \gamma h_1$$

$$e_1 = \lambda \gamma (h_1 + h_2 + h_3)$$

$$\lambda = \tan(45° + \varphi / 2)$$

3.3.2　单洞式设计模型

在单洞模式下，可依据现行的《铁路隧道设计规范》中浅埋和深埋隧道的荷载-结构模型及计算公式对隧道进行设计。具体内容同3.2.3 中所示。

3.4　既有洞室影响分析

对于多层次地下空间结构，其关键的空间布局设计参数可囊括为以下三方面：

（1）洞室之间中夹岩层的厚度。

（2）洞室的数量。

（3）洞室的布置。

本节首先对这三个影响因素做出单独的评价分析，在控制其中两个变量不变的情况下，分析另一个因素对结构荷载的影响，从而在单洞室荷载计算方法的基础上提出多层空间既有结构的荷载修正计算方法。

3.4.1　既有重叠隧道荷载影响分析

1. 中夹岩层厚度影响因素

此处假定洞室数量为 2 个不变，洞室 1 先开挖，洞室 2 后开挖，开挖方法设定为全断面开挖，改变洞室 1 和洞室 2 之间的中夹岩层厚度，以此来计算其对隧道荷载的影响，计算工况如图 3-23。

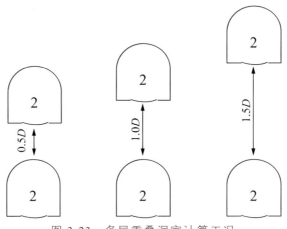

图 3-23　多层重叠洞室计算工况

2. 洞室数量影响因素

此处假定洞室净距为 1.0D 不变，仅改变洞室数量，以此研究洞室数量对垂直荷载与水平荷载的影响。如图 3-24 所示，设洞室 1 最先开挖，取以下三种情况进行分析：① 洞室 2 在洞室 1 上方 1.0D 处开挖；② 洞室 2 在洞室 1 上方 1.0D 处开挖，洞室 3 在洞室 2 上方 1.0D 处开挖；③ 洞室 2 在洞室 1 上方 1.0D 处开挖，洞室 3 在洞室 1 下方 1.0D 处开挖。

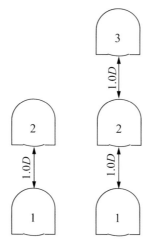

图 3-24　多层重叠洞室计算工况

3. 洞室中心连线与水平面夹角影响因素

此处假定洞室数量为 2 个不变，洞室净距为 1.0D 不变，洞室 1 先开挖，洞室 2 后开挖，开挖方法设定为全断面开挖，改变两个洞室中心连线与水平面夹角，以此来分析该角度对洞室 1 荷载的影响，详细计算工况见图 3-25 所示。

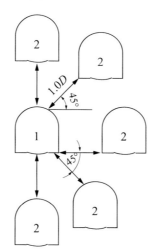

图 3-25　多层重叠洞室计算工况

4. 各个影响因素对结构接触压力的影响

分别列出各个影响因素对结构接触压力的影响程度，建立结构接触压力变化量与各影响因素间的关系表，表中的影响百分比以计算所得最大值为准，当同时受到两个及以上因素影响时，则采取影响程度叠加的方式来计算结构接触压力，所得计算结果见表 3-2 ~ 表 3-4 与图 3-26 ~ 图 3-28 所示。

（1）中夹岩层厚度对接触压力的影响（表 3-2、图 3-26）。

此处岩层厚度用洞室跨度的倍数来表示。

表 3-2　中夹岩层厚度对接触压力的影响

中夹岩层厚度/(nD)	2.0	1.5	1.0	0.5
垂直接触压力变化量/%	− 6.56	− 9.14	− 16.02	− 44.29
水平接触压力变化量/%	− 1.08	− 1.35	− 1.97	− 6.36

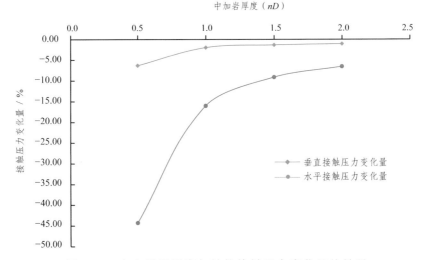

图 3-26　中夹岩层厚度与结构接触压力变化量的关系

由此可知：

① 中夹岩层厚度较低时，新建洞室对既有洞室的接触压力有

明显的影响，当岩层厚度为 0.5 倍的洞室厚度时，垂直接触压力值变化量达到 - 44.29%左右，水平变化量达到 - 6.36%；

② 中夹岩层厚度的变化对接触压力具有极大影响，当中夹岩层厚度增加到 1.0D 时，垂直和水平接触压力变化量分别降低到16.02%和1.97%；厚度增大到 2.0D 时，垂直和水平接触压力变化量则急剧降低到 6.56%和 1.08%，说明中夹岩层厚度是衬砌接触压力的重要影响因素。

（2）洞室数量对接触压力的影响（表 3-3、图 3-27）。

表 3-3　洞室数量对接触压力的影响

洞室数量	1	2	3	4
垂直接触压力变化量/%	- 16.02	- 17.38	- 18.44	- 19.13
水平接触压力变化量/%	- 1.97	- 2.94	- 3.84	- 4.51

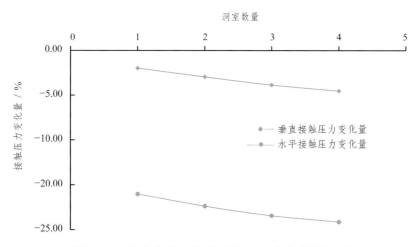

图 3-27　洞室数量与结构接触压力变化量的关系

分析后可知：洞室数量的增加对既有洞室的接触压力影响较小；新建洞室数量为 1 个时，影响程度分别为 - 16.02%（垂直）与

－1.97%（水平）；洞室数量为 2 时，影响程度分别为 －17.38%（垂直）与 －2.94%（水平），仅比前者多出 1.36% 和 0.97%。这说明洞室数量的增多只能很小程度地影响结构的接触压力增量。

（3）洞室中心连线和水平面夹角对接触压力的影响（表 3-4、图 3-28）。

① 当洞室中心线与水平面的夹角发生变化时，既有洞室的水平接触压力基本不变，且水平接触压力的变化量自身也很小，最大值仅为 2.25%，可认为夹角是弱影响因素。

表 3-4　夹角对接触压力的影响

夹角/(°)	0	45	90	135	180
垂直接触压力变化量/%	－16.02	5.33	7.44	4.56	－11.69
水平接触压力变化量/%	－1.97	－1.51	－2.25	－1.94	1.83

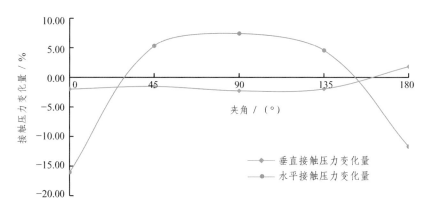

图 3-28　夹角与结构接触压力变化量的关系

② 该夹角对垂直接触压力具有分段式的影响：夹角为 0° ～ 45° 时，垂直接触压力相比单洞时要小，且夹角的变化可引起垂直压力增量的明显改变，前后可相差 21%；夹角为 45° ～ 135° 时，垂直

接触压力相比单洞情况是增大的，但夹角的改变对垂直接触压力的增量基本无影响；夹角为 135°～180°时的结论则基本与 0～45°时一致。

3.4.2 既有水平隧道接触压力影响分析

1. 中夹岩层厚度影响因素

此处假定洞室数量为 2 个不变，洞室 1 先开挖，洞室 2 后开挖，开挖方法设定为全断面开挖，改变洞室 1 和洞室 2 之间的中夹岩层厚度，以此来计算其对隧道荷载的影响，计算工况详见图 3-29。

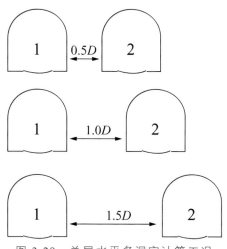

图 3-29 单层水平多洞室计算工况

2. 洞室数量影响因素

此处假定洞室净距不变，仅改变洞室数量，以此研究洞室数量对垂直荷载与水平荷载的影响。如图 3-30 所示，设洞室 1 为最先开挖，取以下三种情况进行分析：

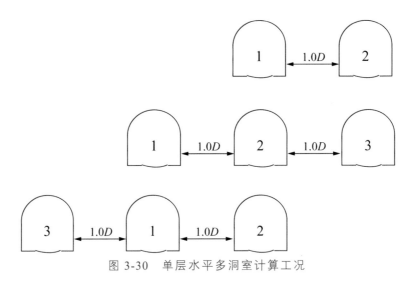

图 3-30　单层水平多洞室计算工况

（1）洞室 2 在洞室 1 右侧 1.0D 处开挖；

（2）洞室 2 在洞室 1 右侧 1.0D 处开挖；洞室 3 在洞室 2 右侧 1.0D 处开挖；

（3）洞室 2 在洞室 1 右侧 1.0D 处开挖，洞室 3 在洞室 1 左侧 1.0D 处开挖。

3. 各个影响因素对结构接触压力的影响

分别列出各个影响因素对结构接触压力的影响程度，建立结构接触压力变化量与各影响因素间的关系表，表中的影响百分比以计算所得最大值为准，当同时受到两个及以上因素影响时，则采取影响程度叠加的方式来计算结构接触压力，所得计算结果见表 3-5、表 3-6 与图 3-31、图 3-32 所示。

（1）中夹岩层厚度对接触压力的影响（表 3-5、图 3-31）。

此处岩层厚度用洞室跨度的倍数来表示。

表 3-5　中夹岩层厚度对接触压力的影响

岩层厚度/（nD）	2.0	1.5	1.0	0.5
垂直接触压力变化量/%	2.45	4.61	7.44	14.00
水平接触压力变化量/%	− 0.43	− 0.68	− 2.25	− 15.43

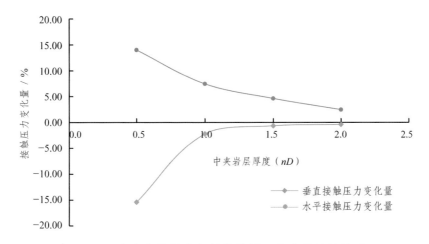

图 3-31　中夹岩层厚度与结构接触压力变化量的关系

　　分析可知，中夹岩层厚度对既有洞室的接触压力有十分明显的影响：当岩层厚度为 0.5 倍的洞室厚度时，接触压力值变化量在 15% 左右；而当中夹岩层厚度增加时，这种影响效果急剧减弱，垂直接触压力变化量在中夹岩层厚度为 1.5D 时就降低到 4.61%，而水平接触压力变化量则在中夹岩层厚度为 1.0D 时就急剧降低到 2.25%。这说明中夹岩层的厚度在一定范围内是结构接触压力的一个重要影响因素。

　　（2）洞室数量对接触压力的影响（表 3-6、图 3-32）。

表 3-6   洞室数量对接触压力的影响

洞室数量	1	2	3	4
垂直接触压力变化量/%	7.64	9.88	11.67	12.81
水平接触压力变化量/%	− 2.29	− 1.60	− 0.87	− 0.39

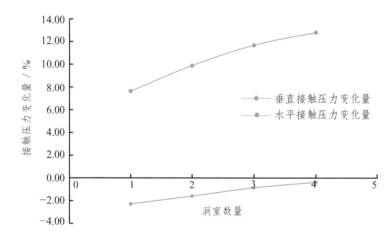

图 3-32   洞室数量与结构接触压力变化量的关系

　　分析可知，洞室数量的增加对既有洞室的接触压力影响较小：新建洞室数量为 1 个时，影响程度分别为 7.64%（垂直）与 − 2.29%（水平）；洞室数量为 2 时，影响程度分别为 9.88%（垂直）与 -1.60%（水平）；垂直接触压力增量相比前者仅多出 2.24%，水平则反而减少 0.69%。这说明洞室数量的增多只能很小程度地影响结构的接触压力增量。

3.4.3   既有重叠交叉隧道荷载影响分析

　　建立多层重叠交叉隧道模型（图 3-33），以隧道轴线相交处断面各点的应力数据为研究对象。

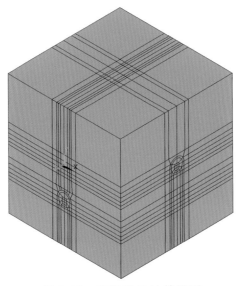

图 3-33　交叉重叠计算模型

1. 中夹岩层厚度影响因素

此处假定洞室数量为 2 个不变，洞室 1 先开挖，洞室 2 后开挖，开挖方法设定为全断面开挖，改变洞室 1 和洞室 2 之间的中夹岩层厚度，以此来计算其对隧道荷载的影响，计算工况如图 3-34 所示。

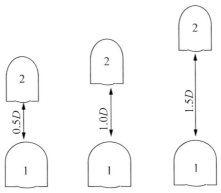

图 3-34　多层交叉重叠洞室计算工况

2. 洞室轴线夹角影响因素

此处假定洞室数量为 2 个不变，洞室净距为 1.0D 不变，洞室 1 先开挖，洞室 2 后开挖，开挖方法设定为全断面开挖，改变两个洞室轴线的相互夹角，以此来分析该角度对洞室 1 荷载的影响。

3. 洞室数量影响因素

此处假定洞室净距为 1.0D 不变，相邻隧道轴线夹角保持为 90° 不变，仅改变洞室数量，以此研究洞室数量对垂直荷载与水平荷载的影响。如图 3-35 所示，设洞室 1 最先开挖，取以下三种情况进行分析：

（1）洞室 2 在洞室 1 上方 1.0D 处开挖；

（2）洞室 2 在洞室 1 上方 1.0D 处开挖，洞室 3 在洞室 2 上方 1.0D 处开挖；

（3）洞室 2 在洞室 1 上方 1.0D 处开挖，洞室 3 在洞室 1 下方 1.0D 处开挖。

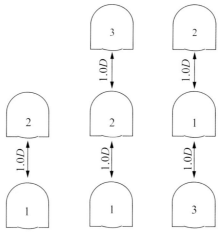

图 3-35　多层重叠洞室计算工况

4. 各个影响因素对结构接触压力的影响程度

分别列出各个影响因素对结构接触压力的影响程度，建立结构接触压力变化量与各影响因素间的关系表，表中的影响百分比以计算所得最大值为准；当同时受到两个及以上因素影响时，则采取影响程度叠加的方式来计算结构接触压力。所得计算结果见表 3-7 ~ 表 3-9、图 3-36 ~ 图 3-38 所示。

（1）中夹岩层厚度对接触压力的影响（表 3-7、图 3-36）。

此处岩层厚度用洞室跨度的倍数来表示。

表 3-7　中夹岩层厚度对接触压力的影响

中夹岩层厚度（nD）	2.0	1.5	1.0	0.5
垂直接触压力变化量/%	− 6.13	− 9.04	− 15.89	− 42.78
水平接触压力变化量/%	− 1.01	− 1.22	− 1.67	− 6.18

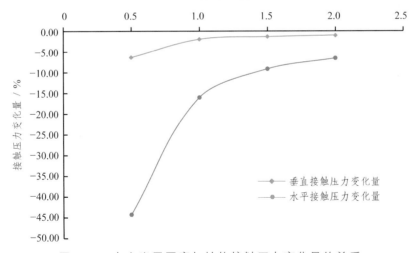

图 3-36　中夹岩层厚度与结构接触压力变化量的关系

分析可知：

① 中夹岩层厚度较低时，新建洞室对既有洞室的接触压力有

明显的影响，当岩层厚度为 0.5 倍的洞室厚度时，垂直接触压力值变化量达到 – 42.78%，水平变化量达到 – 6.18%。

② 中夹岩层厚度的变化对接触压力具有极大影响，当中夹岩层厚度增加到 1.0D 时，垂直和水平接触压力变化量分别降低到 15.89% 和 1.67%；厚度增大到 2.0D 时，垂直和水平接触压力变化量则急剧降低到 6.13% 和 1.01%，说明中夹岩层厚度是衬砌接触压力的重要影响因素。

（2）洞室轴线夹角对接触压力的影响（表 3-8、图 3-37）。

表 3-8　夹角对接触压力的影响

夹角/（°）	0	45	90
垂直接触压力变化量/%	– 16.02	– 15.87	– 15.89
水平接触压力变化量/%	– 1.97	– 1.82	– 1.67

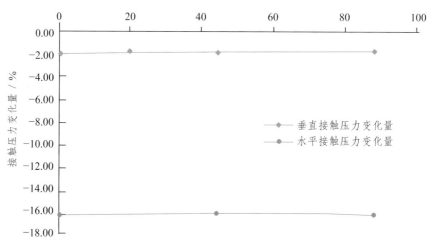

图 3-37　洞室轴线夹角与结构接触压力变化量的关系

由上图可知：

① 当洞室中心线与水平面的夹角发生变化时，既有洞室的水平接触压力变化量基本不变，且水平接触压力的变化量自身也很小，

最大值仅为 2.25%，可认为夹角是弱影响因素。

② 该夹角对垂直接触压力具有分段式的影响：夹角为 0°～45° 时，垂直接触压力相比单洞时要小，且夹角的变化可引起垂直压力增量的明显改变，前后可相差 21%；夹角为 45°～135°时，垂直接触压力相比单洞情况是增大的，但夹角的改变对垂直接触压力的增量基本无影响；夹角为 135°～180°时的结论则基本与 0～45° 时一致。

（3）洞室数量对接触压力的影响（表 3-9、图 3-38）。

表 3-9　洞室数量对接触压力的影响

洞室数量	1	2	3	4
垂直接触压力变化量/%	− 15.89	− 16.98	-18.15%	-19.25%
水平接触压力变化量/%	− 1.67	− 2.54	-3.57%	-4.12%

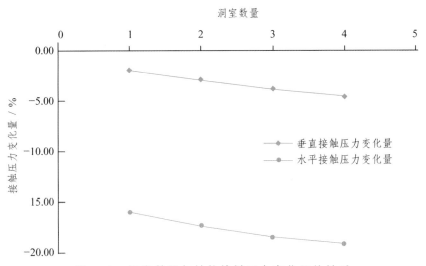

图 3-38　洞室数量与结构接触压力变化量的关系

由上图分析可知：洞室数量的增加对既有洞室的接触压力影响较小：新建洞室数量为 1 个时，影响程度分别为 − 16.02%（垂直）与 − 1.97%（水平）；洞室数量为 2 时，影响程度分别为 − 17.38%

（垂直）与 - 2.94%（水平），仅比前者多出 1.36% 和 0.97%。这说明洞室数量的增多只能很小程度地影响结构的接触压力增量。

3.4.4 交叉重叠隧道接触压力影响范围

对于交叉重叠隧道结构，其受力形式不满足平面应变机制，交叉区域内既有隧道各断面受到新开挖隧道的影响各不相同，前两小节的研究是基于交叉中心位置断面，即影响程度最大的断面。本小节则针对影响范围进行研究，并结合围岩级别对交叉重叠区域的既有隧道接触压力变化进行统计。围岩力学参数按照相应规范取中间值。

洞室轴线夹角对接触压力的影响基本可忽略不计，洞室数量的影响程度也十分有限，因此本节研究的前提假设设定为：洞室轴线夹角 90°，洞室数量为上下 2 个，近距取 0.5D ~ 2.0D，在此前提下分别统计交叉重叠区域各个断面的接触压力影响量，研究断面的选取以距重叠中心距离（几倍于洞径）为准。

1. Ⅲ 级围岩条件下接触压力影响范围

提取交叉重叠影响区域内既有隧道各断面的垂直接触压力，并与未开挖前的垂直基础压力进行对比，相应变化量如表 3-10、图 3-39 所示。

表 3-10　Ⅲ 级围岩下重叠交叉区域内各断面垂直接触压力影响程度

距重叠中心距离（nD）	0	0.5	1	1.5	2	2.5	3
近距 0.5D	- 35.23%	- 21.25%	- 10.42%	- 4.52%	- 1.89%	- 1.53%	- 1.04%
近距 1.0D	- 12.31%	- 7.23%	- 4.12%	- 2.01%	- 1.92%	- 1.81%	- 1.72%
近距 1.5D	- 7.22%	- 4.23%	- 2.12%	- 1.46%	- 1.32%	- 1.27%	- 1.20%
近距 2.0D	- 4.86%	- 2.78%	- 1.23%	- 1.07%	- 1.01%	- 0.95%	- 0.91%

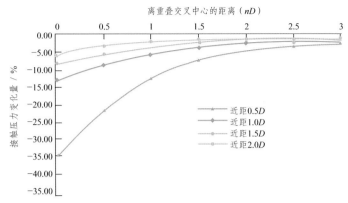

图 3-39 Ⅲ级围岩下交叉重叠区域内既有隧道接触压力影响程度

在Ⅲ级围岩条件下，交叉重叠区域内各断面的接触压力影响量与断面距重叠中心的距离密切相关。在距离为 0~1.5D 时，接触压力受影响的程度随距离增大而迅速减小，距离大于 1.5D 后其值则基本趋于稳定。因此可认为在Ⅲ级围岩条件下，新建隧道对既有隧道接触压力的影响范围约为交叉中心两侧 0~1.5D 距离。

2. Ⅳ级围岩条件下接触压力影响范围

提取交叉重叠影响区域内既有隧道各断面的垂直接触压力，并与未开挖前的垂直基础压力进行对比，相应变化量如表 3-11、图 3-40所示。

表 3-11　Ⅳ级围岩下重叠交叉区域内各断面垂直接触压力影响程度

距重叠中心距离（nD）	0	0.5	1	1.5	2	2.5	3
近距 0.5D	−42.78%	−27.89%	−15.78%	−7.88%	−3.78%	−2.29%	−2.07%
近距 1.0D	−15.89%	−10.78%	−6.45%	−3.53%	−1.79%	−1.55%	−1.31%
近距 1.5D	−9.04%	−6.23%	−3.56%	−2.12%	−1.68%	−1.24%	−1.09%
近距 2.0D	−6.13%	−3.05%	−1.40%	−1.21%	−1.03%	−0.97%	−0.89%

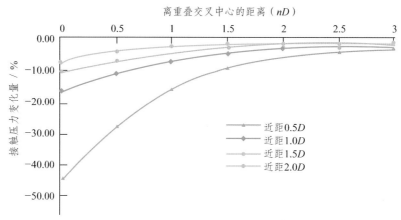

图 3-40 Ⅳ级围岩下交叉重叠区域内既有隧道接触压力影响程度

由上图可知，在Ⅳ级围岩条件下，交叉重叠区域内各断面的接触压力影响量与断面距重叠中心的距离密切相关。在距离为 0 ~ 2.0D 时，接触压力受影响的程度随距离增大而迅速减小，距离大于 2.0D 后其值则基本趋于稳定。因此可认为在Ⅳ级围岩条件下，新建隧道对既有隧道接触压力的影响范围约为交叉中心两侧 0 ~ 2D 距离。

3. Ⅴ级围岩条件下接触压力影响范围

提取交叉重叠影响区域内既有隧道各断面的垂直接触压力，并与未开挖前的垂直基础压力进行对比，相应变化量如表 3-12、图 3-41 所示。

表 3-12　Ⅴ级围岩下重叠交叉区域内各断面垂直接触压力影响程度

距交叉中心距离（nD）	0	0.5	1	1.5	2	2.5	3
近距 0.5D	−48.20%	−29.75%	−17.23%	−10.56%	−5.88%	−3.89%	−3.58%
近距 1.0D	−18.17%	−12.29%	−8.41%	−5.11%	−3.77%	−2.87%	−2.48%
近距 1.5D	−11.77%	−7.49%	−5.01%	−3.93%	−2.89%	−2.18%	−2.01%
近距 2.0D	−8.55%	−5.18%	−2.45%	−2.01%	−1.78%	−1.60%	−1.47%

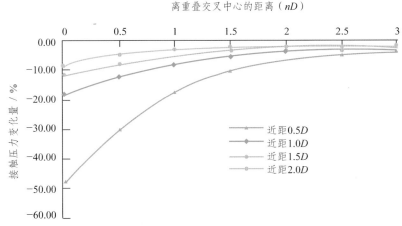

图 3-41　Ⅴ级围岩下交叉重叠区域内既有隧道接触压力影响程度

　　在Ⅴ级围岩条件下，交叉重叠区域内各断面的接触压力影响量与断面距重叠中心的距离密切相关。在距离约为 $0 \sim 2.5D$ 范围内，接触压力受影响的程度随距离增大而迅速减小，距离大于 $2.5D$ 后其值则基本趋于稳定。因此可认为在Ⅴ围岩条件下，新建隧道对既有隧道接触压力的影响范围约为交叉中心两侧 $0 \sim 2.5D$ 距离。

3.5　本章小结

　　本章依据第 2 章不同分布形式下多层地下空间结构中夹岩的破坏模式，提出了重叠分布结构、水平分布结构的设计模型，并通过数值模拟计算，分析了既有洞室的影响，得到结论如下：

　　（1）确定了重叠隧道体系设计模型，包括：整体式设计模型、组合式设计模型、单洞式设计模型。

　　① 整体式设计荷载，中夹岩整体发生破坏，重叠隧道按照整体考虑。

　　垂直荷载：

$$q = \gamma h + G / l$$

既有隧道为浅埋，水平荷载：

$$e_2 = \gamma h_1 \lambda_1$$
$$e_3 = \gamma (h_1 + h + h_0)\lambda_1$$

既有隧道为深埋，水平荷载：

$$e_2 = \gamma (h_a + h_0)\lambda_2$$
$$e_3 = \gamma (h_a + h + 2h_0)\lambda_2$$

② 组合式设计模型，先考虑中夹岩稳定性，再进一步对支护结构进行设计。

中夹岩应力分量：

$$\begin{cases} \sigma_x = \dfrac{q(6l^2 - 6x^2 + 4y^3)}{h^3} - \dfrac{3qy}{5h} \\[2mm] \sigma_y = -\dfrac{q}{2}\left(1 + \dfrac{y}{h}\right)\left(1 - \dfrac{2y}{h}\right)^2 \\[2mm] \tau_{xy} = \dfrac{3qx(4y^2 - h^2)}{2h^3} \end{cases}$$

新建隧道的垂直荷载 q 及侧压力系数 λ：

$$q = \gamma h + G/l - \frac{\gamma h_0 h^2}{(h + h_0)l} \cdot \frac{\sin\theta(\cos\varphi_c - \sin\varphi_c / \tan\beta)}{\cos(\theta + \varphi_c) + \sin(\theta + \varphi_c)\tan\beta}$$

$$\lambda = \frac{\cos\theta\cos\varphi_c - \sin\varphi_c\cos\theta / \tan\beta}{\cos(\theta + \varphi_c) + \sin(\theta + \varphi_c)\tan\beta}$$

③ 单洞式设计模型，依据现行的《铁路隧道设计规范》规定的单洞荷载进行设计。

（2）确定了水平分布隧道结构设计模型，包括：整体式设计模型、单洞式设计模型。

① 整体式设计模型，中夹岩整体发生破坏，依据破坏条件下破裂角扩展形式设计。

垂直荷载：

$$q = \gamma h_1 + \frac{\lambda \gamma h_1 \tan \theta}{B}$$

水平侧压力：

$$e_1 = \lambda_1 \gamma h_1 + \lambda_1 \frac{\lambda \gamma h_1 \tan \theta}{B}$$

$$e_2 = e_1 + \lambda_1 \gamma h_2$$

$$e_2' = \lambda_2 \gamma h_1 + \lambda_2 \frac{\lambda \gamma h_1 \tan \theta}{B} + \lambda_2 h_2 \gamma$$

$$e_3 = e_2' + \lambda_2 \gamma h_3$$

$$e_4 = \lambda_3 \gamma h_1 + \lambda_3 \frac{\lambda \gamma h_1 \tan \theta}{B}$$

$$e_5 = e_4 + \lambda_3 \gamma h_2$$

$$e_5' = \lambda_4 \gamma h_1 + \lambda_4 \frac{\lambda \gamma h_1 \tan \theta}{B} + \lambda_4 h_2 \gamma$$

$$e_6 = e_5' + \lambda_4 \gamma h_3$$

② 单洞式设计模型，依据现行的《铁路隧道设计规范》规定的单洞荷载进行设计。

（3）采用单因素分析法，评价了中夹岩厚度、洞室数量、洞室分布形式对结构接触压力的影响，结果表明：

① 中夹岩层厚度对衬砌接触压力的影响较大。

② 洞室数量、横断面夹角、轴线夹角对衬砌接触压力的影响较小。

第4章

多层次地下空间结构模型加载试验

4.1 引　言

室内试验不仅是对多层地下空间结构受力及破坏模式等的深入研究方法，也是验证后续数值模拟方法准确性的手段之一。鉴于此，本章通过若干组室内模型试验来探讨所提出的多层洞群结构设计模型的合理性。

4.2 试验分组

本次室内加载试验主要研究不同近距下多层次隧道结构的破坏形式、围岩荷载规律、衬砌结构内力等内容。试验分组见表 4-1 所示。

表 4-1　多层次隧道加载试验分组

组号	位置关系	净距	试验内容	围岩级别
1	重叠	0.2D	不同净距下的衬砌结构破坏形式、围岩压力、结构内力情况	IV
2	重叠	0.5D		
3	重叠	1.0D		

加载试验主要研究多层隧道结构在静力加载时候的破坏情况、围岩压力及衬砌结构内力变化规律等，并为后续 3 层隧道及 4 层隧

道结构的静力加载试验设计提供一定依据。加载试验第 4 组需在前 3 组试验结果的基础上进行设计和实施，在假设下面两层隧道近距固定的情况下，调整最上方和中间隧道的近距进行试验，若试验结果与前 3 组取得的结论基本类似，则不进行 4 层隧道的加载试验。

4.3 试验设备和材料

4.3.1 试验设备

试验设备主要包括：立式静力加载试验台架（图 4-1 上）、用于衬砌制作的高精度模具（图 4-1 下）、衬砌模型、围岩相似材料、石膏（衬砌相似材料）、电阻式应变片（B×120-3AA 型，图 4-2）、微型压力盒（DYB-1，图 4-3）以及数据采集仪（图 4-4）等。

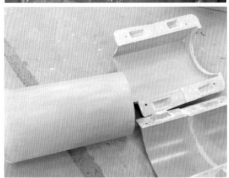

图 4-1 立式静力加载试验台架和制备衬砌模型的高精度模具

图 4-2　电阻式应变片

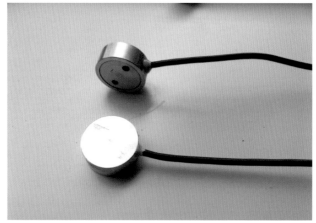

图 4-3　微型土压力盒

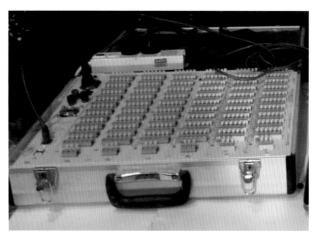

图 4-4　数据采集仪

4.3.2　试验材料

为确定合适的相似材料，对现有的硬质围岩相似材料进行了调研，见表 4-2 所示。

表 4-2　相似材料调研

序号	围岩等级	控制指标	相似材料
1	Ⅳ	黏聚力 c、内摩擦角 φ、单轴抗压强度 R_c、弹性模量 E 和泊松比	重晶石粉、石英砂、石膏、洗衣液和水
2	Ⅲ～Ⅳ	黏聚力 c、内摩擦角 φ、单轴抗压强度 R_c、弹性模量 E 和泊松比	重晶石粉、铁矿粉、石英砂、石膏粉、一级松香、99.9%纯度的工业酒精
3	Ⅲ	容重 γ、弹性模量 E、黏聚力 c、内摩擦角 ϕ	重晶石、粉煤灰、河沙、机油、石英砂
4	Ⅲ～Ⅳ	弹性模量、抗压强度、重度	（1）砂、重晶石、硅橡胶、硅橡胶固化水、正硅酸四乙酯、环氧树脂、聚酰胺、汽油；（2）砂、重晶石、环氧树脂、聚酰胺、汽油；（3）砂、重晶石、松香、汽油

本次试验决定采用重晶石粉、河沙、粉煤灰、石英砂、石膏粉、一级松香、机油制备围岩相似材料。配制后的相似土体见图 4-5。

图 4-5　配置后的相似土体

衬砌相似材料则采用石膏、硅藻土混合物制作：石膏的性质和混凝土比较接近，而硅藻土属水硬性材料，吸水性强，和易性好，能排出石膏浆体中的空气。石膏硅藻土是常见的一种相似材料，其性质类似于纯石膏，但在物理、力学性质上更接近于混凝土。

本次试验采用的相似比为 1：30，以重庆九号线隧道为原型，根据相似理论推得泊松比、应变、摩擦角、强度、应力、黏聚力、弹性模量等的相似比如下：

（1）几何相似比：$C_L=30$。

（2）容重相似比：$C_\gamma=1$。

（3）泊松比、应变、摩擦角相似比：$C_\mu = C_\varepsilon = C_\varphi = 1$。

（4）强度、应力、黏聚力、弹性模量相似比：$C_R = C_\sigma = C_C = C_E = 30$。

4.4 测点布置和试验步骤

在各个隧道模型拱顶和两侧边墙布置围岩压力测点，在拱顶和一侧边墙布置位移测点，在拱顶、两侧拱肩、两侧边墙及仰拱中心布置 8 个应变测点（衬砌外表面和内表面各贴一应变片），详细测点布置如图 4-6、图 4-7 所示。

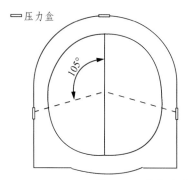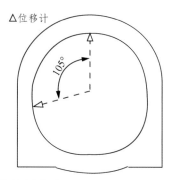

图 4-6　压力盒和位移计测点布置

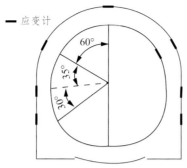

图 4-7 应变片测点布置

试验步骤如下：

4.4.1 衬砌模型制备

由于本次试验需要进行不同对照组之间的对比，因此尽量保证不同试验组之间的变量仅为中夹岩厚度。为保证每组试验采用的衬砌模型的一致性，且避免由于传统手工制隧道石膏模型的衬砌厚薄不均造成的试验误差偏大的问题，本次试验采用高精度模具来制作衬砌模型，衬砌内外轮廓采用铝合金机制内胆（图 4-8）控制，再将聚四氟乙烯喷涂至铝合金内胆表面（带自润滑效果，使衬砌脱模更为方便），最后即可得到尺寸精确的衬砌制备模具。将石膏浆倒入模具同时充分搅拌，材料自然风干后即可从模具中取出衬砌模型（图 4-9）。

图 4-8 铝合金机制模具内胆

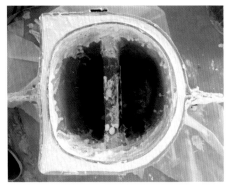

图 4-9　玻璃钢制模具外壳、制作完成的石膏模型

4.4.2　安装测试仪器

按照设计的测点位置安装压力盒、应变计、位移计等，如图 4-10 所示。

图 4-10　安装测试仪器

4.4.3　安放模型、安装台架

将贴有压力盒和应变片的衬砌模型按照设计位置放入试验台架，台架正前方开孔以方便观察加载过程中衬砌模型的破坏情况。模型实验箱内壁上粘贴四氟乙烯薄膜（自润滑性材料），用以减小

模型箱和围岩相似材料之间的摩擦，使试验结果更为准确。

当围岩相似材料填入高度达到 0.5 m 左右时，将这部分围岩进行夯实，保证最下层的衬砌模型不会产生由于土体松动引起过大沉降。随后放入衬砌模型并在周围继续填入围岩相似材料，填至第二层隧道衬砌位置时同样进行一定夯实处理，而后放入第二层的隧道衬砌，以此类推直到模型箱填满围岩材料（图 4-11）。最后在台架前面板上安装工字钢进行纵向约束固定（图 4-12）。

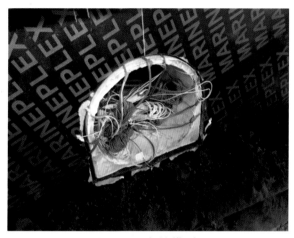

图 4-11　安放模型

图 4-12　台架前面板加工字钢固定

4.4.4 调试数据接收系统、加载

将测试仪器的数据线接入解调仪，并将解调仪与计算机连接，实现加载过程中的实时数据采集，如图 4-13 所示。

图 4-13　数据接收系统

4.5　测试结果

4.5.1 隧道结构破坏模式测试结果

上方衬砌顶部首先发生开裂，继续加载过程中上方衬砌的仰拱部位发生开裂（图 4-14）。随后上方衬砌垂直和水平围岩压力均开始降低，并且在后续继续加载至峰值的过程中，下方衬砌始终未发生任何破坏。由此可知，在结构损坏后继续加载的过程中，衬砌的主要承力部位可能向其他部位转移，以下进一步对两个衬砌的接触压力试验结果进行分析。

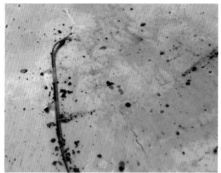

图 4-14　拱顶开裂和仰拱开裂

4.5.2　围岩压力测试结果

中夹岩厚度为 0.2D 时的围岩压力时程曲线如图 4-15 所示。

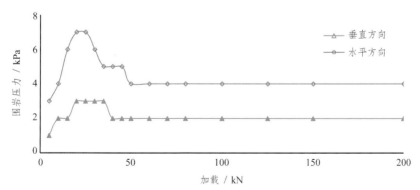

图 4-15　中夹岩厚度为 0.2D 时的围岩压力时程曲线

围岩压力分析：

提取上方衬砌破坏前的最后一组试验数据进行分析，并绘制下方衬砌的围岩压力包络图如图 4-16、图 4-17 所示：

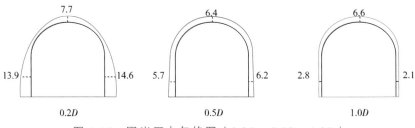

图 4-16　围岩压力包络图（0.2D、0.5D、1.0D）

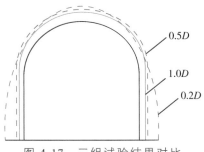

图 4-17　三组试验结果对比

由上图可知：中夹岩厚度越大，下方衬砌围岩压力的分布更接近于单洞的情况；而当中夹岩厚度为 0.2D 时，水平方向的围岩压力则明显高于垂直方向的围岩压力。这和 3.4.1 中所得的结论较为吻合，从侧面说明了当中夹岩厚度很小时，上下两个隧道应看作一个整体的大洞室进行围岩压力的计算。

同时，对加载过程中的围岩压力时程曲线（图 4-18）进行分析。

加载过程采用逐级加载的方式，初期每次加载 5 kN。加载过程中对隧道结构进行观察，结果如下：上方衬砌顶部首先发生开裂，继续加载过程中上方衬砌的仰拱部位发生开裂。随后上方衬砌垂直和水平围岩压力均开始降低，并且在后续继续加载至峰值的过程中，下方衬砌始终未发生任何破坏。由此可知，在结构损坏后继续加载的过程中，衬砌的主要承力部位可能向其他部位转移，以下进一步对两个衬砌的接触压力试验结果进行分析。

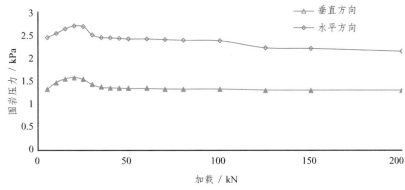

图 4-18　中夹岩厚度为 0.2D 时的围岩压力时程曲线

由围岩压力的时程曲线图可知，当中夹岩厚度很小（0.2D）时，加载过程中的围岩压力变化十分明显，即顶部的荷载能通过中夹岩即时传递到下方衬砌上。而中夹岩厚度较大时，加载过程中下方衬砌的围岩压力则变化十分缓慢，幅度也仅为 0.3 kPa 左右，即中夹岩和上方衬砌已经能较好地承担外部荷载。这与 3.4.1 中取得的结论也较为类似。

4.5.3　结构内力测试结果

提取上方衬砌破坏前的最后一组试验数据进行分析，并绘制下方衬砌的弯矩包络图如图 4-19、图 4-20 所示。

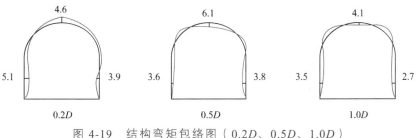

图 4-19　结构弯矩包络图（0.2D、0.5D、1.0D）

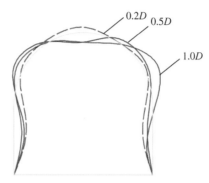

图 4-20　三组试验结果对比

可以看到，当中夹岩厚度仅为 0.2D 时，衬砌的拱顶弯矩方向与单洞模式完全不同，出现了靠围岩侧受拉的情况，由此也说明此时衬砌承受的水平压力明显高于垂直压力，造成拱顶部位出现了正弯矩。而 0.5D 和 1.0D 两组的试验结果则和一般单洞模式十分类似。这与 3.2 中所得的荷载计算方法结论也较为吻合。

对试验过程中的弯矩时程曲线（图 4-21）进行分析如下：

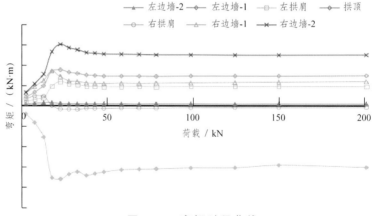

图 4-21　弯矩时程曲线

由该曲线可知，下方衬砌的拱顶部位弯矩绝对值明显偏大，从侧面反映了衬砌承受的水平压力高于垂直压力导致拱顶外侧受拉这一现象。

4.6 本章小结

本章基于多层次地下空间结构模型加载试验，对围岩压力以及结构内力进行了分析，得出如下结论：

（1）当中夹岩厚度很小时，加载过程中顶部的荷载能通过中夹岩即时传递到下方衬砌上。当中夹岩厚度较大时，加载过程中下方衬砌的围岩压力则变化十分缓慢，表明中夹岩和上方衬砌已经能较好地承担外部荷载。

（2）当中夹岩厚度较小为 $0.2D$ 时，加载过程中衬砌承受的水平压力明显高于垂直压力，造成拱顶部位出现了正弯矩。$0.5D$ 和 $1.0D$ 两组的试验结果则和一般单洞模式十分类似。

第 5 章

多层次地下空间结构安全评价体系和方法

对于一个复杂的多层次地下空间结构，如果直接开展整体评价，则难以捋清复杂的空间组合关系，因此在安全评价前需要将空间结构做出相应简化。实际上，多层次地下空间结构系统一般由三类子结构系统组成（图 5-1）：

（1）水平子结构系统，如洞室 7 和洞室 8 等。

（2）重叠子结构系统，如洞室 1 和洞室 2 等。

（3）斜角子结构系统，如洞室 5 和洞室 6、洞室 10 和洞室 12 等。

图 5-1　多层次地下空间子结构系统

对各种子系统进行进一步划分：

1. 水平子结构系统

水平子结构系统可按相邻洞室的净距大小划分为一个单洞模式、整体模式、两个单洞模式。

（1）一个单洞模式：净距<0.2D，相邻洞室中夹岩完全破坏，两个洞室按一个大的单洞室进行结构安全性评价。

（2）整体模式：0.2D≤净距≤0.5D，相邻洞室中夹岩部分破坏，应先对中夹岩进行评价，再对隧道结构进行评价。

（3）两个单洞模式：净距>0.5D，相邻洞室中夹岩不损坏，按照两个单洞模式对隧道结构进行评价。

2. 重叠子结构系统

重叠子结构系统可按相邻洞室的净距大小划分为一个单洞模式、整体模式、两个单洞模式。

（1）一个单洞模式：净距<0.3D，相邻洞室中夹岩完全破坏，两个洞室按一个大的单洞室进行结构安全性评价。

（2）整体模式：0.3D≤净距≤0.6D，相邻洞室中夹岩部分破坏，应先对中夹岩进行评价，再对隧道结构进行评价。

（3）两个单洞模式：净距>0.6D，相邻洞室中夹岩不损坏，按照两个单洞模式对隧道结构进行评价。

3. 斜角子结构系统

斜角子结构系统可按相邻洞室的净距大小划分为一个单洞模式、整体模式、两个单洞模式。

（1）一个单洞模式：净距<0.3D，相邻洞室中夹岩完全破坏，两个洞室按一个大的单洞室进行结构安全性评价。

（2）整体模式：0.3D≤净距≤0.6D，相邻洞室中夹岩部分破坏，应先对中夹岩进行评价，再对隧道结构进行评价。

（3）两个单洞模式：净距>0.6D，相邻洞室中夹岩不损坏，按照两个单洞模式对隧道结构进行评价。

5.2 多层次地下空间结构安全评价基本步骤

本节以图 5-2 中的多层次地下空间为例，来说明安全评价体系的基本思路和步骤。

第一，子结构系统划分（X1、X2、X3）。

第二，评价子结构系统安全性（X1、X2、X3）。

第三，可将子结构系统作为一个整体，即看成一个洞室，与其他子结构系统组合进行二次安全性判定，如 X1 和 X2 组合成 X3；或者子结构系统和其他单洞室组合后进行二次判定，如 X1 和 8 组合、X2 和 7 组合。

第四，按第三中所述原理，将所有洞室安全性判定完成，即完成多层次地下空间结构系统安全性评价。

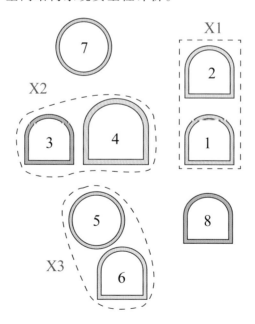

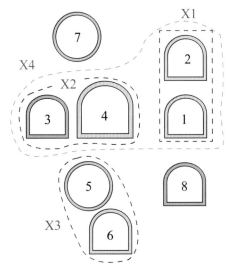

图 5-2　多层次地下空间评价原则示意

依照由小至大（先评价净距最小的相邻洞室）、由少至多的原则，对整个复杂的多层次地下空间结构进行分步评价。

5.3　水平分布体系的安全评价方法和控制标准

5.3.1　水平分布体系的评价模式划分

依据既有洞室衬砌施作情况，将水平分布双洞室分为无衬砌情况、已施衬洞室侧面新建洞室两种情况，如图 5-3 所示。

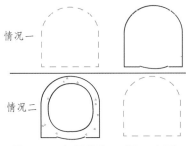

图 5-3　水平并行双洞示意图

将水平分布洞室体系拆解成多个水平洞室体系来判定整体安全稳定性，并将稳定的水平双洞结构视为一假想单洞稳定体，再同其余单洞或单洞稳定体进行安全性评定，确定水平分布洞室体系整体安全性稳定性，如图 5-4 所示。

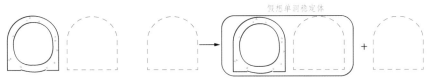

图 5-4　水平分布洞室体系安全评定拆解示意图

基于重庆沙坪坝地层条件，根据中夹岩厚度和破坏情况，建立水平分布洞室体系的 2 种基本模式：

（1）单洞模式：中夹岩厚度为 <0.2D，将相邻洞室当作一个整体大单洞进行设计安全评价；中夹岩厚度 >0.5D，按照正常单个洞室进行设计安全评价。

（2）组合模式：0.2D≤中夹岩厚度≤0.5D，需先判定中夹岩是否破坏。如果中夹岩破坏，则需将相邻洞室当作一个整体大洞室进行设计安全评价；如果未破坏，再对衬砌结构进行设计安全评价。

5.3.2　组合模式下安全评价方法和控制标准

1. 中夹岩安全性评价方法

左右并行洞室的中夹岩层的受力模型定义为轴心受力构件，假定中夹岩层上方围岩荷载以均布荷载的方式施加到岩层上表面，此时中夹岩层可被认为是下端为固定端的承力柱，详见图 5-5。

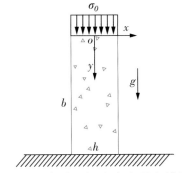

图 5-5　水平双洞中夹岩受力模型

用应力函数求解本问题，由边界条件可知：

$$\sigma_x = 0, \quad F_x = 0, \quad F_y = \rho g y$$

$$\sigma_x = \frac{\partial^2 \varphi}{\partial y^2} - F_x x = 0$$

则有：

$$\varphi = f_1(x)y + f_2(x)$$

代入双调和方程 $\nabla^2 \nabla^2 \varphi = 0$，得：

$$y f_1^{(4)}(x) + f_2^{(4)}(x) = 0 \tag{5-1}$$

因此把式（5-1）看成 y 的函数，则有等式两边对应相等，故下式成立：

$$f_1^{(4)}(x) = 0, \quad f_2^{(4)}(x) = 0$$

于是有：

$$\begin{cases} f_1(x) = Ax^3 + Bx^2 + Cx + D \\ f_2(x) = Ex^3 + Fx^2 \end{cases}$$

则应力函数为：

$$\varphi = y(Ax^3 + Bx^2 + Cx + D) + Ex^3 + Fx^2$$

则应力分量：

$$\sigma_y = \frac{\partial^2 \varphi}{\partial x^2} - \rho gy = 6Axy + 6Ex + 2By + 2F - \rho gy$$

$$\tau_{xy} = -\frac{\partial^2 \varphi}{\partial x \partial y} = -3Ax^2 - 2Bx - C$$

根据边界条件有：

当 $y=0$，有 $\tau_{yx} = -3Ax^2 - 2Bx - C = 0$，$A = B = C = 0$

当 $y=0$，有 $\sigma_y = -\sigma_0 = 6Ex + 2F$，$E = 0$，$F = \dfrac{-\sigma_0}{2}$

则有中岩墙的应力解为：

$$\begin{cases} \sigma_x = 0 \\ \sigma_y = -\sigma_0 - \rho gy \\ \tau_{xy} = 0 \end{cases}$$

经检验满足其余边界条件。

依据三个应力分量，最大压应力评定标准如下：

$$\sigma_y = \begin{cases} < \sigma_c, \text{中夹岩安全} \\ > \sigma_c, \text{中夹岩破坏} \end{cases}$$

2. 衬砌安全性评价和控制标准

此时衬砌所受围岩压力不可按照现有规范进行计算，需采用本次研究所得的并行洞室围岩压力计算方法，之后采用《铁路隧道设计规范》中的衬砌安全系数计算方法对衬砌进行安全性评价，具体计算方法见 5.3.3 节。

5.3.3　单洞模式下安全评价方法和控制标准

此时按照单个隧道进行安全性评价即可，可采用《铁路隧道设计规范》中相应的衬砌强度检算方法进行安全系数的计算。

衬砌按破损阶段检算构件截面强度时，根据结构所受的不同荷

载组合，在计算中应分别选用不同的安全系数，且不应小于表 5-1
和表 5-2 所列数值。按所采用的施工方法检算施工阶段强度时，安
全系数可采用表列"主要荷载+附加荷载"栏内数值乘以折减系数
0.9。

表 5-1 混凝土结构的强度安全系数

材料种类		混凝土		砌体	
荷载组合		主要荷载	主要荷载+附加荷载	主要荷载	主要荷载+附加荷载
破坏原因	混凝土或砌体达到抗压极限强度	2.4	2.0	2.7	2.3
	混凝土达到抗拉极限强度	3.6	3.0	—	—

表 5-2 钢筋混凝土结构的强度安全系数

荷载组合		主要荷载	主要荷载+附加荷载
破坏原因	钢筋达到计算强度或混凝土达到抗压或抗剪极限强度	2.0	1.7
	混凝土达到抗拉极限强度	2.4	2.0

1. 素混凝土安全系数计算

（1）混凝土和砌体矩形截面中心及偏心受压构件的抗压强度应
按下式计算：

$$KN \leqslant \varphi \alpha R_a bh$$

式中：R_a——混凝土或砌体的抗压极限强度；

K——安全系数；

N——轴向力（MN）；

b——截面的宽度（m）；

h——截面的厚度（m）；

φ——构件的纵向弯曲系数；

α——轴向力的偏心影响系数。

（2）从抗裂要求出发，混凝土矩形截面偏心受压构件的抗拉强度应按下式计算：

$$KN \leqslant \varphi \frac{1.75R_l bh}{\dfrac{6e_0}{h}-1}$$

式中：R_l——混凝土的抗拉极限强度；

e_0——截面偏心距（m）。

其他符号意义同前。

2. 钢筋混凝土安全系数计算

（1）钢筋混凝土矩形截面的大偏心受压构件（$x \leqslant 0.55h_0$，图5-6），其截面强度应按下列公式计算：

$$KN \leqslant R_w bx + R_g(A_g' - A_g)$$

或 $$KNe \leqslant R_w bx(h_0 - x/2) + R_g A_g'(h_0 - a')$$

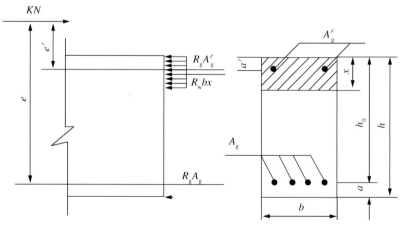

图 5-6　钢筋混凝土大偏心受压构件截面强度计算图

此时，中性轴的位置按下式确定：

$$R_g(A_g e \mp A'_g e') = R_w b x(e - h_0 + x/2)$$

当轴向力 N 作用于钢筋 A_g 与 A'_g 的重心之间时，上式中的左边第二项取正号；当 N 作用于 A_g 与 A'_g 两重心以外时，则取负号。

如计算中考虑受压钢筋时，则混凝土受压区的高度应符合 $x \geqslant 2a'$ 的要求，如不符合，则按下式计算：

$$KNe' \leqslant R_g A_g (h_0 - a')$$

式中：N——轴向力（MN）；

e、e'——钢筋 A_g 与 A'_g 的重心至轴向力作用点的距离（m）；

其他符号意义同前。

（2）钢筋混凝土矩形截面的小偏心受压构件（$x > 0.55h_0$，图 5-7），其截面强度应按下式计算：

$$KNe \leqslant 0.5R_a b h_0^2 + R_g A'_g (h_0 - a')$$

当轴向力 N 作用于钢筋 A_g 与 A'_g 的重心之间，尚应符合下列要求：

$$KNe' \leqslant 0.5R_a b h_0'^2 + R_g A_g (h_0' - a)$$

式中符号意义同前。

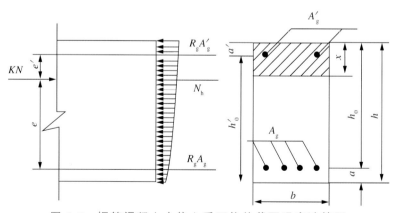

图 5-7 钢筋混凝土小偏心受压构件截面强度计算图

5.4 重叠分布体系的安全评价方法和控制标准

5.4.1 重叠分布体系的评价模式划分

重叠隧道存在上方为新建衬砌或者下方为新建衬砌两种情况，两种情况下中夹岩破坏模式差异很大，一共分为上下同时修建新洞室、既有洞室上方新建洞室、既有洞室下方新建洞室三种情况（图5-8）。

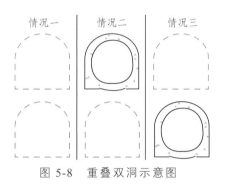

情况一　　　　情况二　　　　情况三

图 5-8　重叠双洞示意图

将重叠分布洞室体系拆解成多个重叠洞室体系来判定整体安全稳定性，并将稳定的重叠双洞结构视为一假想单洞稳定体，再同其余单洞或单洞稳定体进行安全性评定，确定重叠分布洞室体系整体安全性稳定性，如图 5-9 所示。

重叠分布洞室体系的安全性评价根据中夹岩厚度和破坏情况综合制定，共分为两大模式：

（1）单洞模式：下方为新建隧道，中夹岩厚度为<0.3D，将相邻洞室当作一个整体单洞进行设计安全评价；下方为新建隧道，中夹岩厚度>0.6D 或上方为新建隧道，按照正常单个洞室进行设计安全评价。

（2）组合模式：下方为新建隧道，0.3D<中夹岩厚度<0.6D，需先判定中夹岩是否破坏。如果中夹岩破坏，则需将相邻洞室当作一

个整体大洞室进行设计安全评价；如果未破坏，再对衬砌结构进行
设计安全评价。

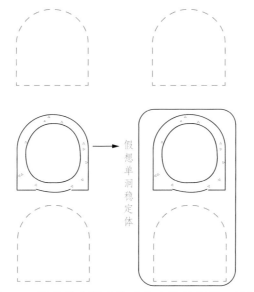

图 5-9　重叠分布洞室体系安全评价拆解示意图

5.4.2　组合模式下安全评价方法和控制标准

1. 中夹岩安全性评价方法

夹岩的两端受到土体的约束作用，表现为固端约束。上部分受
到了来自上方土体以及支护结构的压力作用，近似地表现为均布压
力，以及夹岩土体本身受到自重作用。两侧受到了来自土体的梯形
分布侧压力。上下重叠双洞的中夹岩施工力学模型见图 5-10。

为了便于求解计算这部分土体的应力及位移解，将土体的自
重转化为上部的均布力作用。因此中夹岩的力学模型简化为了两
端受到固端约束的弹性力学模型。模型中，高度为 d，长度为 l，
上部均布荷载为 q，重力加速度为 g，坐标的原点建立在左端的中
点位置处。

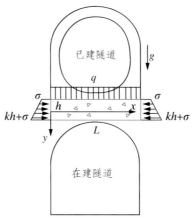

图 5-10 中夹岩施工力学模型

采用应力函数求解法并考虑 x-y 面内的平面应力问题，正交各向异性体本构方程为：

$$\begin{cases} \dfrac{\partial u}{\partial x} = s_{11}\sigma_x + s_{12}\sigma_y \\[2mm] \dfrac{\partial v}{\partial y} = s_{12}\sigma_x + s_{22}\sigma_y \\[2mm] \dfrac{\partial u}{\partial x} + \dfrac{\partial v}{\partial y} = s_{66}\tau_{xy} \end{cases} \qquad (5\text{-}2)$$

式中：u 和 v——x 方向和 y 方向的位移分量；

σ_{ij}——应力分量；

s_{ij}——平面应力问题的弹性柔度常数，由于考虑夹岩土体的各向同性，因此

$$s_{11} = s_{22} = \frac{1}{E}, \quad s_{12} = \frac{\mu}{E}$$

$$s_{66} = \frac{2 + 2\mu}{E}$$

用应力函数 Φ 表示的公式为：

$$\sigma_x = \frac{\partial^2 \Phi}{\partial y^2}, \quad \sigma_y = \frac{\partial^2 \Phi}{\partial x^2}, \quad \tau_{xy} = -\frac{\partial^2 \Phi}{\partial x \partial y}$$

同时应力函数满足如下方程：

$$s_{22}\frac{\partial^4 \Phi}{\partial x^4} + (2s_{12}+s_{66})\frac{\partial^4 \Phi}{\partial x^2 \partial y^2} + s_{11}\frac{\partial^4 \Phi}{\partial y^4} = 0$$

则取应力函数为：

$$\Phi = a\left(y^5 - \frac{10s_{11}}{2s_{12}+s_{66}}x^2y^2\right) + bxy^3 + cy^3 + dy^2 + ex^2y + fxy + gx^2 \qquad (5\text{-}3)$$

其中：a、b、c、d、e、f、g 均为待定常数，且上式满足应力协调方程。

将式（5-2）代入式（5-1），得应力表达式

$$\begin{cases} \sigma_x = 20a\left(y^3 - \frac{3s_{11}}{2s_{12}+s_{66}}x^2y\right) + 6bxy + 6cy + 2d \\ \sigma_y = -\frac{20as_{11}}{2s_{12}+s_{66}}y^3 + 2ey + 2g \\ \tau_{xy} = \frac{60as_{11}}{2s_{12}+s_{66}}xy^2 - 3by^2 - 2ex - f \end{cases} \qquad (5\text{-}4)$$

将式（5-4）代入式（5-2）进行积分，得位移表达式如下：

$$\begin{cases} u = \left[-20a\frac{s_{11}s_{12}}{2s_{12}+s_{66}}x + 20as_{11}x - (s_{12}+s_{66})b\right]y^3 + \left[s_{11}\left(-\frac{20as_{11}}{2s_{12}+s_{66}}x^2 + 3bx + 6c\right)\right. \\ \quad \left. + 2es_{12} - \right]xy + 2ds_{11}x + 2gs_{12}x + wy + u_0 \\ v = 5a\left(s_{12} - \frac{s_{11}s_{22}}{2s_{12}+s_{66}}\right)y^4 + \left[s_{12}\left(-\frac{30as_{11}}{2s_{12}+s_{66}}x^2 + 3bx + 3c\right) + es_{22}\right]y^2 + \\ \quad 2(ds_{12}+gs_{22})y + \frac{5as_{11}^2}{2s_{12}+s_{66}}x^4 - bs_{11}x^3 - (3cs_{11}+es_{12}+es_{66})x^2 - \\ \quad fs_{66}x - wx + v_0 \end{cases}$$

$$(5\text{-}5)$$

式中：u_0、v_0 和 w 为积分常数，表示刚体位移。

采用的边界条件为：

$$\begin{cases} y = -\dfrac{h}{2}, \sigma_y = -q, \tau_{xy} = 0 \\[2mm] y = \dfrac{h}{2}, \sigma_y = 0, \tau_{xy} = 0 \\[2mm] x = 0, y = 0, u = 0, v = 0, \dfrac{\partial u}{\partial y} = 0 \\[2mm] x = l, y = 0, u = 0, v = 0, \dfrac{\partial u}{\partial y} = 0 \end{cases}$$

将应力表达式（5-4）和位移表达式（5-5）代入边界条件，可以得到 10 个方程，求解得到：

$$\begin{cases} a = \dfrac{q(2s_{12} + s_{66})}{10h^3 s_{11}}, \quad b = \dfrac{lq}{h^3}, d = \dfrac{qs_{12}}{4s_{11}} \\[3mm] c = -\dfrac{(2s_{12}l^2 + 3s_{12}h^2)}{12s_{11}h^3}q, \quad e = \dfrac{3q}{4h}, f = -\dfrac{3ql}{4h} \\[3mm] g = \dfrac{-q}{4}, u_0 = 0, v_0 = 0, w = 0 \end{cases}$$

于是应力分量和位移分量的表达式如下

$$\begin{cases} \sigma_x = 2\dfrac{2s_{12} + s_{66}}{s_{11}h^3}qy^3 - [2s_{11}(6x^2 - 6lx + l^2) + 3s_{12}h^2]\dfrac{qy}{2s_{11}h^3} + \dfrac{qs_{12}}{2s_{11}} \\[3mm] \sigma_y = -\dfrac{q}{24J}(4y^3 - 3h^2y + h^3) \\[3mm] \tau_{xy} = \dfrac{q}{4J}(l - 2x)\left(\dfrac{h^2}{4} - y^2\right) \end{cases}$$

将上述三个应力分量代入最大拉应力理论计算公式，对比中夹岩土最大拉应力值 σ_1 与围岩的抗拉强度 σ_t 以及中夹岩的切应力 τ_{xy} 与中夹岩的抗剪强度 τ_{max}，从应力角度可知中夹岩安全性评定准则如下：

$$\sigma_1 = \frac{1}{2}(\sigma_x + \sigma_y) + \frac{1}{2}\sqrt{(\sigma_x - \sigma_y)^2 + 4\tau_{xy}^2} \begin{cases} < \sigma_t & ，中夹岩安全 \\ \geqslant \sigma_t & ，中夹岩破坏 \end{cases}$$

$$\tau_{xy} \begin{cases} < \tau_{max} & ，中夹岩安全 \\ \geqslant \tau_{max} & ，中夹岩破坏 \end{cases}$$

2. 衬砌安全性评价和控制标准

此时衬砌所受围岩压力不可按照现有规范进行计算，需采用本次研究所得的重叠洞室围岩压力计算方法，之后采用《铁路隧道设计规范》中的衬砌安全系数计算方法对衬砌进行安全性评价，具体计算方法见 5.3.3 节。

5.4.3　单洞模式下安全评价方法和控制标准

净距>0.6D 或<0.3D 或已施衬洞室上方新建洞室的情况，参照现有《铁路隧道设计规范》《公路隧道设计规范》等规范中的荷载计算方法对单个隧道进行结构安全性评价，其中<0.3D 的情况则取洞高为两倍单个隧道洞径及中岩柱层高总和进行设计，采用相应的衬砌强度检算方法进行安全系数的计算，具体方法同 5.3.3 节。

5.5　斜角分布体系的安全评价方法和控制标准

5.5.1　斜角分布体系的评价模式划分

鉴于上述分析，对于斜角并行双洞的情况，如果采用马蹄形隧道进行分析，则当倾斜角度变化的时候，中夹岩的形状变化差异较大，不利于展开研究，因此采用圆形洞室进行倾斜情况下的安全评价方法研究。此外，新建洞室在上方时，中夹岩的自稳和承载能力基本能完整保持，只需计算衬砌安全性即可。以下分析针对新建洞室在下方或者上下均为毛洞的情况。

依据既有洞室衬砌施作情况，斜角分布双洞室分为无衬砌情况、已施衬洞室上方新建洞室、已施衬洞室下方新建洞室的三种情况（图 5-11）。

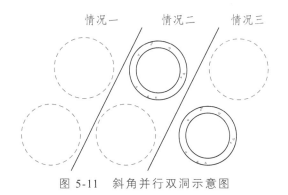

图 5-11　斜角并行双洞示意图

　　将斜角分布洞室体系拆解成多个斜角洞室体系来判定整体安全稳定性，并将稳定的重叠双洞结构视为一假想单洞稳定体，再同其余单洞或单洞稳定体进行安全性评定，确定斜角分布洞室体系整体安全性稳定性，如图 5-12 所示。

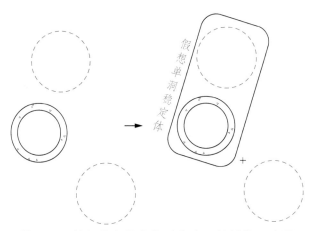

图 5-12　斜角分布洞室体系安全评价拆解示意图

　　基于重庆沙坪坝地层条件，根据中夹岩厚度和破坏情况，建立斜角分布洞室体系的评价总则，共分为 2 种模式：

（1）单洞模式：下方为新建隧道，中夹岩厚度为<0.3D，将相

邻洞室当作一个整体大洞室进行设计安全评价；下方为新建隧道中夹岩厚度>0.6D 或上方为新建隧道，按照正常单个洞室进行设计安全评价。

（2）组合模式：下方为新建隧道，中夹岩厚度<0.6D 且>0.3D，需先判定中夹岩是否破坏。如果中夹岩破坏，则需将相邻洞室当作一个整体大洞室进行设计安全评价；如果不破坏，再对衬砌结构进行设计安全评价。

5.5.2 组合模式下安全评价方法和控制标准

1. 无衬砌情况

根据左右并行隧道和上下重叠隧道情况下中夹岩的力学特性的分析，将无支护情况下斜角并行洞室的中夹岩层的受力模型定义为两端为固定约束的梁，梁受到侧向压力及自重的作用，两端边界 y 方向位移为 0，由此作出如图 5-13 所示的中夹岩层受力理论模型，在此基础上推导出中夹岩层内各点的应力，就能以应力是否超过岩层力学指标作为其安全性评价方法。

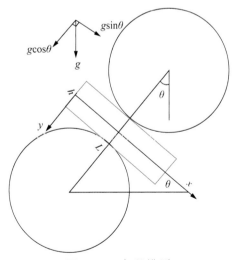

图 5-13 力学模型

为了便于求解计算这部分土体的应力解，将中夹岩受力分解成两部分进行分步求解：一部分为中夹岩受到重力 y 方向分量的作用，两端为固端约束；另一部分为中夹岩受到重力 x 方向分量以及上部梯形荷载作用，并且夹岩的另一端为固端约束，梯形荷载表达式为 $\sigma_0 + k(y + 0.5h)\cos\theta$，$k$ 为竖向梯度系数。模型高度为 h，长度为 l，重力加速度为 g，坐标的原点建立在一侧端的中点位置处。斜角洞室夹岩受力分解示意图见图 5-14。

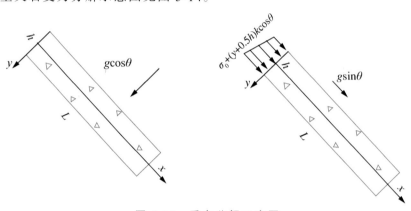

图 5-14　受力分解示意图

下面依次求解中夹岩受重力 y 方向分量作用情况下的应力解和重力 x 方向分量及侧部的梯形荷载作用情况下的应力解。中夹岩受重力 y 方向分量作用情况下的应力解求解过程如下，重力 y 方向分量受力示意图见图 5-15。

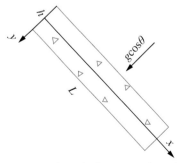

图 5-15　重力 y 方向分量受力示意图

为了便于求解，现将坐标轴移动到中夹岩中心的位置，变化坐标后示意图见图 5-16。

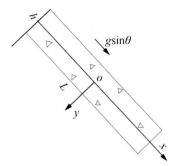

图 5-16　重力 y 方向分量受力变化坐标示意图

采用如下的应力函数求解：

$$\varphi = Ax^2y^3 + By^5 + Cy^3 + Dx^2y$$

由应力函数相容方程 $\nabla^4\varphi = 0$ 得：　$A + 5B = 0$。所以有：

$$\varphi = -5Bx^2y^3 + By^5 + Cy^3 + Dx^2y$$

$$F_x = 0$$

$$F_y = \rho g \cos\theta$$

则有应力分量为：

$$\sigma_x = \frac{\partial^2\varphi}{\partial y^2} = -30Bx^2y + 20By^3 + 6Cy$$

$$\sigma_y = -\frac{\partial^2\varphi}{\partial x^2} = -10By^3 + 2Dy^2 - \rho gy\cos\theta$$

$$\tau_{xy} = -\frac{\partial^2\varphi}{\partial x\partial y} = -(-30Bxy^2 + 2D) = 30Bxy^2 - 2D$$

上边界条件：

$$(\sigma_y)_{y=-\frac{h}{2}} = 0 \ , \quad (\tau_{xy})_{y=-\frac{h}{2}} = 0$$

求解得：

$$B = \frac{\rho g \cos\theta}{5h^2} \ , \quad D = \frac{3\rho g \cos\theta}{4}$$

下边界条件： $(\sigma_y)_{y=\frac{h}{2}} = 0$ ， $(\tau_{xy})_{y=\frac{h}{2}} = 0$ 自动满足。

左边界条件：

$$\int_{-\frac{h}{2}}^{\frac{h}{2}} (\tau_{xy})_{x=-\frac{l}{2}} = \frac{1}{2}\rho g l h \cos\theta \ , \quad \int_{-\frac{h}{2}}^{\frac{h}{2}} (\sigma_x)_{x=-\frac{l}{2}} = 0$$

求解得：

$$C = \frac{\rho g l^2 \cos\theta}{4h^2} - \frac{\rho g \cos\theta}{10}$$

最终求解的应力分量为：

$$\sigma_x = \frac{12}{h^2}\left(\frac{\rho g l^2 \cos\theta}{8} - \frac{\rho g \cos\theta}{2}x^2\right)y + \rho g y \cos\theta\left(\frac{4y^2}{h^2} - \frac{3}{5}\right)$$

$$\sigma_y = \frac{\rho g \cos\theta}{2}\left(1 - \frac{4y^2}{h^2}\right)y$$

$$\tau_{xy} = -\frac{3\rho g \cos\theta}{2}\left(1 - \frac{4y^2}{h^2}\right)x$$

经检验满足右边界条件。

坐标转换： $x = x + \dfrac{l}{2}$ ，得原坐标系下的应力分量形式：

$$\sigma_x = \frac{12}{h^2}\left[\frac{\rho g l^2 \cos\theta}{8} - \frac{\rho g \cos\theta}{2}\left(x+\frac{l}{2}\right)^2\right]y + \rho g \cos\theta\, y\left(\frac{4y^2}{h^2} - \frac{3}{5}\right)$$

$$\sigma_y = \frac{\rho g \cos\theta}{2}\left(1 - \frac{4y^2}{h^2}\right)y$$

$$\tau_{xy} = -\frac{3\rho g\cos\theta}{2}\left(1-\frac{4y^2}{h^2}\right)\left(x+\frac{l}{2}\right)$$

重力 x 方向分量作用下应力解的求解过程如下，重力 x 方向分量受力示意图见图 5-17：

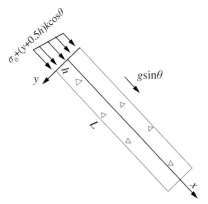

图 5-17　重力 x 方向分量受力示意图

用应力函数求解本问题，由边界条件可知：

$$\sigma_x = 0 \ , \quad F_y = 0 \ , \quad F_x = \rho g\sin\theta$$

$$\sigma_x = \frac{\partial^2\varphi}{\partial y^2} - F_x x = 0$$

则有：

$$\varphi = f_1(y)x + f_2(y)$$

代入双调和方程 $\nabla^2\nabla^2\varphi = 0$，得：

$$xf_1^{(4)}(y) + f_2^{(4)}(y) = 0$$

因此则有等式两边对应相等，故下式成立：

$$f_1^{(4)}(y) = 0 \ , \quad f_2^{(4)}(y) = 0$$

于是有：

$$\begin{cases} f_1(y) = Ay^3 + By^2 + Cy + D \\ f_2(y) = Ey^3 + Fy^2 \end{cases}$$

则应力函数为：

$$\varphi = x(Ay^3 + By^2 + Cy + D) + Ey^3 + Fy^2$$

则应力分量：

$$\sigma_x = \frac{\partial^2 \varphi}{\partial y^2} - \rho gx \sin\theta = 6Axy + 6Ey + 2Bx + 2F - \rho gx\sin\theta$$

$$\sigma_y = 0$$

$$\tau_{xy} = -\frac{\partial^2 \varphi}{\partial x \partial y} = -3Ay^2 - 2By - C$$

根据边界条件有：

当 $x=0$，有 $\tau_{yx} = -3Ay^2 - 2By - C = 0$ ， $A = B = C = 0$

当 $x=0$，有 $\sigma_x = -\sigma_0 - k\cos\theta\left(y + \frac{h}{2}\right) = 6Ey + 2F$

解得：

$$E = \frac{-k\cos\theta}{6} , \quad F = \frac{-2\sigma_0 - kh\cos\theta}{4}$$

则应力解为：

$$\begin{cases} \sigma_x = -ky\cos\theta - \rho gx\sin\theta - \sigma_0 - \dfrac{kh\cos\theta}{2} \\ \sigma_y = 0 \\ \tau_{xy} = 0 \end{cases}$$

经检验满足其余边界条件。

因此得斜角并行隧道的无衬砌情况下的应力解为：

$$
\begin{cases}
\sigma_x = \dfrac{12}{h^2}\left(\dfrac{\rho g l^2 \cos\theta}{8} - \dfrac{\rho g \cos\theta}{2}x^2\right)y + \rho g y \cos\theta\left(\dfrac{4y^2}{h^2} - \dfrac{3}{5}\right) - \\[2mm]
\qquad ky\cos\theta - \rho g x\sin\theta - \sigma_0 - \dfrac{kh\cos\theta}{2} \\[2mm]
\sigma_y = \dfrac{\rho g \cos\theta}{2}\left(1 - \dfrac{4y^2}{h^2}\right)y \\[2mm]
\tau_{xy} = -\dfrac{3\rho g \cos\theta}{2}\left(1 - \dfrac{4y^2}{h^2}\right)x
\end{cases}
$$

2. 有衬砌情况

根据左右并行隧道和上下重叠隧道情况下中夹岩的力学特性的分析，将有衬砌情况下斜角并行洞室的中夹岩层的受力模型定义为夹岩的两端受到土体的约束作用，表现为固端约束。上部分受到了来自上方土体以及支护结构的压力作用，近似地表现为梯形压力，以及夹岩土体本身受到自重作用。两侧受到了来自土体的梯形分布侧压力。斜角并行隧道的中夹岩力学模型见图 5-18。

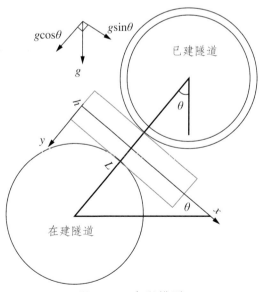

图 5-18　力学模型

为了便于求解计算这部分土体的应力解，将中夹岩受力分解成三部分进行分步求解：一部分为受到上部梯形分布荷载的作用，两端为固端约束，梯形荷载两端作用力分别为 q_1、q_2；一部分为中夹岩加固区受到重力 y 方向分量的作用，两端为固端约束；最后一部分为中夹岩加固区受到重力 x 方向分量以及上部梯形荷载作用，并且夹岩的另一端为固端约束，梯形荷载表达式为 $\sigma_0 + k(y + 0.5)\cos\theta$，$k$ 为竖向梯度系数。模型中，加固区模型高度为 h，长度为 l，重力加速度为 g，坐标的原点建立在一侧端的中点位置处。斜角洞室夹岩加固区受力分解示意图见图 5-19。

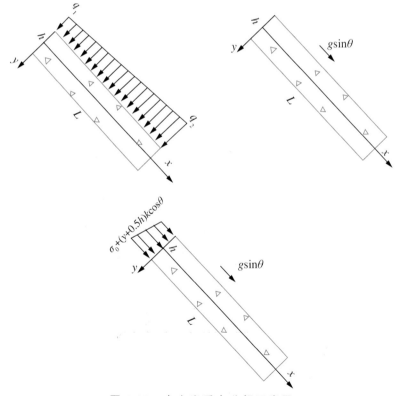

图 5-19　中夹岩受力分解示意图

中夹岩受重力 y 方向分量作用情况下的应力解和重力 x 方向分量及侧部的梯形荷载作用情况下的应力解上述已经推导，则受梯形荷载作用下的应力解采用应力函数法推导如下。

梯形荷载为：

$$q(x) = -\left(\frac{q_2 - q_1}{l} x + q_1 \right)$$

根据 $\dfrac{\partial^2 \varphi(x)}{\partial x^2} = -\left(\dfrac{q_2 - q_1}{l} x + q_1 \right) f(y)$，积分两次得

$$\varphi(x) = -\left(\frac{q_2 - q_1}{6l} x^3 + \frac{1}{2} q_1 x^2 \right) f(y) + x f_1(y) + f_2(y)$$

将上式代入应力函数的双调和方程得：

$$-\left(\frac{q_2 - q_1}{6l} x^3 + \frac{1}{2} q_1 x \right) \frac{\mathrm{d}^4 f(y)}{\mathrm{d} y^4} + x \left(\frac{\mathrm{d}^4 f(y)}{\mathrm{d} y^4} - \frac{2(q_2 - q_1)}{l} \cdot \frac{\mathrm{d}^2 f(y)}{\mathrm{d} y^2} \right) +$$

$$\frac{\mathrm{d}^4 f_2(y)}{\mathrm{d} y^4} - 2q_1 \frac{\mathrm{d}^2 f(y)}{\mathrm{d} y^2} = 0$$

为了使得上式在任意的 x 坐标成立必须满足：

$$\frac{\mathrm{d}^4 f(y)}{\mathrm{d} y^4} = 0$$

$$\frac{\mathrm{d}^4 f_1(y)}{\mathrm{d} y^4} - \frac{2(q_2 - q_1)}{l} \cdot \frac{\mathrm{d}^2 f(y)}{\mathrm{d} y^2} = 0$$

$$\frac{\mathrm{d}^4 f_2(y)}{\mathrm{d} y^4} - 2q_1 \frac{\mathrm{d}^2 f(y)}{\mathrm{d} y^2} = 0$$

积分得：

$$f(y) = A y^3 + B y^2 + C y + D$$

$$f_1(y) = \frac{q_2 - q_1}{l} \left(\frac{1}{10} A y^5 + \frac{1}{6} B y^4 \right) + E y^3 + F y^2 + G y + H$$

$$f_2(y) = q_1 \left(\frac{1}{10} A y^5 + \frac{1}{6} B y^4 \right) + I y^3 + J y^2 + K y + L$$

略去常数项和一次项后得应力函数为：

$$\varphi(x) = -\left(\frac{q_2 - q_1}{6l} x^3 + \frac{1}{2} q_1 x^2 \right)(A y^3 + B y^2 + C y + D) + x \left[\frac{q_2 - q_1}{l} \left(\frac{1}{10} A y^5 + \frac{1}{6} B y^4 \right) + \right.$$
$$\left. E y^3 + F y^2 + G y \right] + q_1 \left(\frac{1}{10} A y^5 + \frac{1}{6} B y^4 \right) + I y^3 + J y^2$$

则应力分量如下：

$$\sigma_x = -\left(\frac{q_2 - q_1}{6l} x^3 + q_1 x^2 \right)(3 A y + B) + x \left[\frac{q_2 - q_1}{l} (2 A y^3 + 2 B y^2) + 6 E y + 2 F \right] +$$
$$2 q_1 (A y^3 + B y^2) + 6 I y + 2 J$$

$$\sigma_y = -\left(\frac{q_2 - q_1}{l} x + q_1 \right)(A y^3 + B y^2 + C y + D)$$

$$\tau_{xy} = \left(\frac{q_2 - q_1}{2l} x^2 + q_1 x \right)(3 A y^2 + 2 B y + C) - \frac{q_2 - q_1}{l} \left(\frac{1}{2} A y^4 + \frac{2}{3} B y^3 \right) -$$
$$3 E y^2 - 2 F y - G$$

则考虑左右两个侧面的应力边界条件：

$$(\sigma_y)_{y=\frac{h}{2}} = 0 , \quad (\sigma_y)_{y=-\frac{h}{2}} = -\left(\frac{q_2 - q_1}{l} x + q_1 \right), \quad (\tau_{xy})_{y=\pm\frac{h}{2}} = 0$$

将应力分量表达式代入边界条件得：

$$A = \frac{2}{h^3} , \quad B = 0 , \quad C = -\frac{3}{2h} , \quad D = \frac{1}{2} , \quad F = 0 , \quad \frac{3}{4} h^2 E + G = -\frac{q_2 - q_1}{16l} h$$

将已经确定的常数代入上式的应力分量：

$$\sigma_x = -\frac{6}{h^3} \left(\frac{q_2 - q_1}{3l} x^3 + q_1 x^2 \right) y + x \left[\frac{4(q_2 - q_1)}{l h^3} y^3 + 6 E y \right] + \frac{4 q_1}{h^3} y^3 + 6 I y + 2 J$$

$$\sigma_y = -\left(\frac{q_2 - q_1}{l} x + q_1 \right) \left(\frac{2}{h^3} y^3 - \frac{3}{2h} y + \frac{1}{2} \right)$$

$$\tau_{xy} = \left(\frac{q_2 - q_1}{2l}x^2 + q_1 x\right)\left(\frac{6}{h^3}y^2 - \frac{3}{2h}\right) - \frac{q_2 - q_1}{lh^3}y^4 - 3Ey^2 - G$$

由弹性体的本构关系知：

$$\frac{\partial u}{\partial x} = \frac{1}{E'}\sigma_x - \frac{\mu}{E'}\sigma_y$$

$$\frac{\partial v}{\partial y} = -\frac{\mu}{E'}\sigma_x + \frac{1}{E'}\sigma_y$$

则积分求解位移分量得：

$$u = \frac{-6y}{E'h^3}\left(\frac{q_2 - q_1}{3l}\cdot\frac{x^4}{4} + q_1\frac{x^3}{3}\right) + \frac{x^2}{2E'}\left[\frac{4(q_2 - q_1)y^3}{lh^3} + 6Ey\right] +$$

$$\frac{4q_1 y^3}{h^3 E'}x + \frac{6Iyx}{E'} + \frac{2Jx}{E'} + \frac{\mu}{E'}\left(\frac{q_2 - q_1}{l}\frac{x^2}{2} + q_1 x\right)\left(\frac{2}{h^3}y^3 - \frac{3}{2h}y + \frac{1}{2}\right) + \omega y + u_0$$

$$v = -\left(\frac{q_2 - q_1}{lE'}x + \frac{q_1}{E'}\right)\left(\frac{2}{h^3}\frac{y^4}{4} - \frac{3}{2h}\frac{y^2}{2} + \frac{y}{2}\right) + \frac{3\mu y^2}{E'h^3}\left(\frac{q_2 - q_1}{3l}x^3 + q_1 x^2\right) -$$

$$\frac{\mu x}{E'}\left[\frac{(q_2 - q_1)y^4}{lh^3} + 3Ey^2\right] - \frac{\mu q y^4}{h^3 E'} + \frac{3I\mu y^2}{E'} + \frac{2J\mu y}{E'} - \omega x + v_0$$

位移边界条件如下：

$$\begin{cases} x = 0, y = 0, u = 0, v = 0, \partial u/\partial y = 0 \\ x = l, y = 0, u = 0, v = 0, \partial u/\partial y = 0 \end{cases}$$

结合受均布荷载作用情况的弹性解得：

$$\begin{cases} E - \dfrac{-(q_2 - q_1)}{24lh} + \dfrac{q_1 l}{h^3} \\ G = -\dfrac{(q_2 - q_1)h}{32l} - \dfrac{3q_1 l}{4h} \\ J = -\dfrac{\mu(q_1 + q_2)}{8} \\ I = \dfrac{q_2 - 3q_1}{12h^3}l^2 + \mu\dfrac{q_1 + q_2}{8h} + \dfrac{q_2 - q_1}{48h} \\ \omega = 0 \quad u_0 = 0 \quad v_0 = 0 \end{cases}$$

最终应力位移解为：

$$\sigma_x = -\frac{6}{h^3}\left(\frac{q_2-q_1}{3l}x^3+q_1x^2\right)y+x\left[\frac{4(q_2-q_1)}{lh^3}y^3-\frac{(q_2-q_1)y}{4lh}+\frac{6q_1l}{h^3}y\right]+\frac{4q_1}{h^3}y^3+$$

$$\frac{(q_2-3q_1)l^2y}{2h^3}+\frac{3\mu(q_1+q_2)y}{4h}+\frac{(q_2-q_1)y}{8h}-\frac{\mu(q_1+q_2)}{4}$$

$$\sigma_y = -\left(\frac{q_2-q_1}{l}x+q_1\right)\left(\frac{2}{h^3}y^3-\frac{3}{2h}y+\frac{1}{2}\right)$$

$$\tau_{xy} = \left(\frac{q_2-q_1}{2l}x^2+q_1x\right)\left(\frac{6}{h^3}y^2-\frac{3}{2h}\right)-\frac{q_2-q_1}{lh^3}y^4+\frac{(q_2-q_1)y^2}{8lh}-$$

$$\frac{3q_1ly^2}{h^3}+\frac{(q_2-q_1)h}{32l}+\frac{3q_1l}{4h}$$

于是，最终三部分的应力解合并可得的应力分量表达式为：

$$\sigma_x = -\frac{6}{h^3}\left(\frac{q_2-q_1}{3l}x^3+q_1x^2\right)y+x\left[\frac{4(q_2-q_1)}{lh^3}y^3-\frac{(q_2-q_1)y}{4lh}+\frac{6q_1l}{h^3}y\right]+\frac{4q_1}{h^3}y^3+$$

$$\frac{(q_2-3q_1)l^2y}{2h^3}+\frac{3\mu(q_1+q_2)y}{4h}+\frac{(q_2-q_1)y}{8h}-\frac{\mu(q_1+q_2)}{4}+$$

$$\frac{12}{h^2}\left[\frac{\rho gl^2\cos\theta}{8}-\frac{\rho g\cos\theta}{2}\left(x+\frac{l}{2}\right)^2\right]y+\rho gy\cos\theta\left(\frac{4y^2}{h^2}-\frac{3}{5}\right)-$$

$$ky\cos\theta-\rho gx\sin\theta-\sigma_0-\frac{kh\cos\theta}{2}$$

$$\sigma_y = -\left(\frac{q_2-q_1}{l}x+q_1\right)\left(\frac{2}{h^3}y^3-\frac{3}{2h}y+\frac{1}{2}\right)+\frac{\rho g\cos\theta}{2}\left(1-\frac{4y^2}{h^2}\right)y$$

$$\tau_{xy} = \left(\frac{q_2-q_1}{2l}x^2+q_1x\right)\left(\frac{6}{h^3}y^2-\frac{3}{2h}\right)-\frac{q_2-q_1}{lh^3}y^4+\frac{(q_2-q_1)y^2}{8lh}-\frac{3q_1ly^2}{h^3}+$$

$$\frac{(q_2-q_1)h}{32l}+\frac{3q_1l}{4h}-\frac{3\gamma g\cos\theta}{2}\left(1-\frac{4y^2}{h^2}\right)\left(x+\frac{l}{2}\right)$$

中夹岩安全性评定准则如下：

$$\sigma_1 = \frac{1}{2}(\sigma_x+\sigma_y)+\frac{1}{2}\sqrt{(\sigma_x-\sigma_y)^2+4\tau_{xy}^2}\begin{cases}<\sigma_t & ，中夹岩安全\\ \geqslant\sigma_t & ，中夹岩破坏\end{cases}$$

$$\tau_{xy}\begin{cases}< \tau_{max} & ,\ \text{中夹岩安全}\\ \geq \tau_{max} & ,\ \text{中夹岩破坏}\end{cases}$$

3. 衬砌安全性评价和控制标准

此时衬砌所受围岩压力不可按照现有规范进行计算，可将斜角洞室的重力场分解为 x、y 两个方向，在这两个方向上分别为水平隧道和重叠隧道，再按照本次研究得到的水平和重叠隧道的荷载计算方法分别进行计算，最后进行荷载叠加并采用《铁路隧道设计规范》中的衬砌安全系数计算方法对衬砌进行安全性评价。

5.5.3 单洞模式下安全评价方法和控制标准

此时衬砌所受围岩压力不可按照现有规范进行计算，可将倾斜洞室的重力场分解为 x、y 两个方向，在这两个方向上分别为水平隧道和重叠隧道，再按照本次研究得到的水平和重叠隧道的荷载计算方法分别进行计算，最后进行荷载叠加并采用《铁路隧道设计规范》中的衬砌安全系数计算方法对衬砌进行安全性评价。

5.6 多层次地下空间结构安全评价应用示例

在评价十分复杂的多层次地下空间结构安全性时，可利用本章给出的三种体系对整个空间结构进行逐步分解和递进，详细步骤如下：

（1）找到净距最小的相邻洞室，查看其符合哪种分布体系（水平、重叠、斜角），用 5.3～5.5 节给出的方法进行安全性评价。

（2）评价完以上相邻洞室后，将两两洞室作为一个稳定的整体大洞室，判定稳定大洞室和离其最近的洞室之间满足何种分布体系（水平、重叠、斜角），再对整体大洞室和相邻洞室进行安全性评价。

（3）在评价过程中始终保持两两评价原则，评价洞室数量由 2

个扩展至第 3 个，评价完后前 3 个作为整体再扩展至第 4 个，依次类推直到完成整个多层次地下空间结构的评价。

评价示例 1（图 5-20）——多个水平分布洞室的评价。

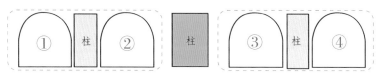

图 5-20　多个水平分布洞室评价示例 1

步骤 1：寻找净距最小的相邻洞室，即①和②号洞室、③和④号洞室，利用本章中的水平分布体系的评价方法对①②、③④号洞室进行安全性评价。

步骤 2：初步评价结束后，将①②作为一个整体的稳定大洞室，③④作为一个整体稳定大洞室，再利用本章中的水平分布体系的评价方法对这两个大洞室进行评价，确保评价过程始终在两个相邻洞室之间进行。

评价示例 2（图 5-21）——双层地下多洞室空间结构，水平体系和重叠体系综合评价。

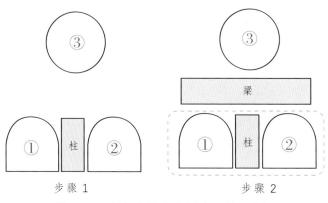

图 5-21　多个水平分布洞室评价示例 2

步骤 1：寻找净距最小的相邻洞室，即①和②号洞室，而后利用本章中的水平分布体系的评价方法对其进行安全新评价。

步骤2：初步评价结束后，将①②作为一个整体的稳定大洞室，该大洞室和③号洞室之间形成了重叠分布体系，即可利用本章中的重叠分布体系的评价方法进行安全性评价。

评价示例3（图5-22）——3层地下多洞室空间结构，水平、重叠、斜角体系组合评价。

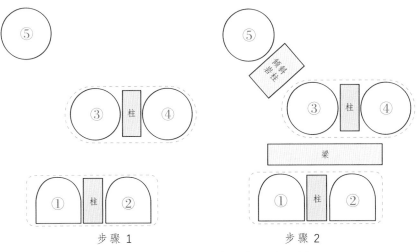

步骤1
步骤2

图 5-22　多个水平分布洞室评价示例 3

步骤 1：寻找净距最小的相邻洞室，即①和②号洞室、③和④号洞室，而后利用本章中的水平分布体系的评价方法对其进行安全新评价。

步骤2：初步评价结束后，将①②作为一个整体的稳定大洞室，③④作为一个整体稳定大洞室，①②和③④之间形成了重叠分布体系，利用本章中的重叠分布体系评价方法进行安全性评价；③④和⑤之间形成了斜角分布体系，即可利用本章中的斜角分布体系的评价方法进行安全性评价。

评价示例4（图5-23）——4层复杂地下多洞室，水平、重叠、斜角体系组合下综合评价。

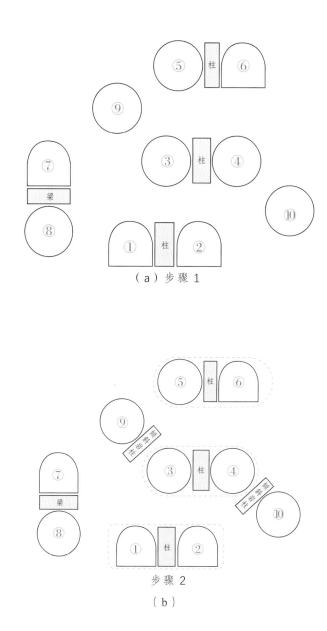

（a）步骤 1

步骤 2

（b）

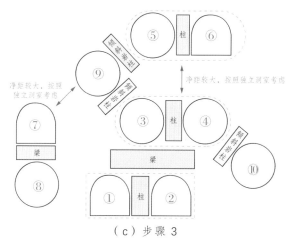

（c）步骤 3

图 5-23　多个分布洞室评价示例 4

步骤 1：寻找净距最小的相邻洞室，即①和②号洞室、③和④号洞室、⑤和⑥号洞室，这三个组合为水平分布体系，可利用本章中的水平分布体系评价方法进行安全性评价；⑦和⑧号洞室符合重叠分布体系，可利用本章中的重叠分布体系的评价方法对其进行安全新评价。

步骤 2：③④评价结束后作为一个稳定的整体大洞室，和⑨号洞室及⑩号洞室之间形成了斜角分布体系，利用本章中的斜角分布体系的评价方法进行评价。

步骤 3：⑤⑥作为一个稳定整体大洞室，和⑨号洞室之间形成斜角分布体系，用本章中的斜角分布体系的评价方法进行评价；①②作为一个整体的稳定人洞室，③④作为一个整体稳定大洞室，①②和③④之间形成了重叠分布体系，利用本章中的重叠分布体系评价方法进行安全性评价；其余相邻洞室净距达到本章规定的单洞室标准，可以按照单个洞室进行考虑。

5.7　本章小结

本章对多层空间结构的体系进行了系统的划分，确定了各个子体系安全评价的基本步骤，并得出了水平分布、重叠分布、斜角分布体系的安全评价方法及控制标准，最后给出了具体的多层地下空间结构安全评价应用示例。主要结论如下：

（1）多层空间结构的体系可划为水平子结构系统、重叠子结构系统、斜角子结构系统。

（2）多层地下空间体系依照由小至大（先评价净距最小的相邻洞室）、由少至多的原则，对整个复杂的多层次地下空间结构进行分步评价。

（3）水平分布体系的安全评价方法和控制标准。

组合模式，中岩墙的应力解为：

$$\begin{cases} \sigma_x = 0 \\ \sigma_y = -\sigma_0 - \rho gy \\ \tau_{xy} = 0 \end{cases}$$

$$\sigma_y = \begin{cases} < \sigma_c, & \text{中夹岩安全} \\ \geqslant \sigma_c, & \text{中夹岩破坏} \end{cases}$$

组合模式，衬砌安全性评价和控制标准，采用《铁路隧道设计规范》中相应的衬砌强度检算方法。

单洞模式，采用《铁路隧道设计规范》中相应的衬砌强度检算方法。

（4）重叠分布体系的安全评价方法和控制标准。

组合模式，中岩墙的应力解为：

$$\begin{cases} \sigma_x = 2\dfrac{2s_{12} + s_{66}}{s_{11}h^3}qy^3 - [2s_{11}(6x^2 - 6lx + l^2) + 3s_{12}h^2]\dfrac{qy}{2s_{11}h^3} + \dfrac{qs_{12}}{2s_{11}} \\ \sigma_y = -\dfrac{q}{24J}(4y^3 - 3h^2y + h^3) \\ \tau_{xy} = \dfrac{q}{4J}(l - 2x)\left(\dfrac{h^2}{4} - y^2\right) \end{cases}$$

$$\sigma_1 = \frac{1}{2}(\sigma_x + \sigma_y) + \frac{1}{2}\sqrt{(\sigma_x - \sigma_y)^2 + 4\tau_{xy}^2} \begin{cases} < \sigma_t, & \text{中夹岩安全} \\ \geqslant \sigma_t, & \text{中夹岩破坏} \end{cases}$$

组合模式，衬砌安全评价方法，采用《铁路隧道设计规范》中相应的衬砌强度检算方法。

单洞模式，采用《铁路隧道设计规范》中相应的衬砌强度检算方法。

（5）斜角分布体系的安全评价方法和控制标准。

组合模式，中夹岩应力分量：

$$\sigma_x = -\frac{6}{h^3}\left(\frac{q_2-q_1}{3l}x^3 + q_1 x^2\right)y + x\left[\frac{4(q_2-q_1)}{lh^3}y^3 - \frac{(q_2-q_1)y}{4lh} + \frac{6q_1 l}{h^3}y\right] + \frac{4q_1}{h^3}y^3 +$$

$$\frac{(q_2-3q_1)l^2 y}{2h^3} + \frac{3\mu(q_1+q_2)y}{4h} + \frac{(q_2-q_1)y}{8h} - \frac{\mu(q_1+q_2)}{4} +$$

$$\frac{12}{h^2}\left[\frac{\rho g l^2 \cos\theta}{8} - \frac{\rho g \cos\theta}{2}\left(x+\frac{l}{2}\right)^2\right]y + \rho g \cos\theta\, y\left(\frac{4y^2}{h^2} - \frac{3}{5}\right) -$$

$$k\cos\theta\, y - \rho g \sin\theta\, x - \sigma_0 - \frac{kh\cos\theta}{2}$$

$$\sigma_y = -\left(\frac{q_2-q_1}{l}x + q_1\right)\left(\frac{2}{h^3}y^3 - \frac{3}{2h}y + \frac{1}{2}\right) + \frac{\rho g \cos\theta}{2}\left(1 - \frac{4y^2}{h^2}\right)y$$

$$\tau_{xy} = \left(\frac{q_2-q_1}{2l}x^2 + q_1 x\right)\left(\frac{6}{h^3}y^2 - \frac{3}{2h}\right) - \frac{q_2-q_1}{lh^3}y^4 + \frac{(q_2-q_1)y^2}{8lh} - \frac{3q_1 l y^2}{h^3} +$$

$$\frac{(q_2-q_1)h}{32l} + \frac{3q_1 l}{4h} - \frac{3\gamma g \cos\theta}{2}\left(1 - \frac{4y^2}{h^2}\right)\left(x+\frac{l}{2}\right)$$

$$\sigma_1 = \frac{1}{2}(\sigma_x + \sigma_y) + \frac{1}{2}\sqrt{(\sigma_x - \sigma_y)^2 + 4\tau_{xy}^2} \begin{cases} < \sigma_t & \text{，中夹岩安全} \\ \geqslant \sigma_t & \text{，中夹岩破坏} \end{cases}$$

组合模式，衬砌安全评价方法，采用《铁路隧道设计规范》中相应的衬砌强度检算方法。

单洞模式，将倾斜洞室的重力场分解为 x、y 两个方向，在这两个方向上分别为水平隧道和重叠隧道，再按照本次研究得到的水平和重叠隧道的荷载计算方法分别进行计算，最后进行荷载叠加并采用《铁路隧道设计规范》中的衬砌安全系数计算方法对衬砌进行安全性评价。

第6章

多层次地下空间结构风险控制对策

通过分析前几章的内容可知，多层次地下空间结构的关键风险影响部位即为洞室之间的中夹岩层，岩层的稳定性直接关系到工程修建的顺利进行。

因此下面对中夹岩加固技术进行统计分析，并对中夹岩加固作用机理、方法及中夹岩稳定性进行了比较分析，提出了推荐使用的加固方法及其适用范围。

6.1 中夹岩层加固技术统计与分析

目前常见的加固技术有小导管注浆、系统锚杆加固以及水平贯通预应力锚杆加固。部分已建小净距隧道中夹岩加固初步统计详见表 6-1。

表 6-1　小净距隧道中夹岩加固技术统计

隧道名称	围岩类别			
	Ⅱ类	Ⅲ类	Ⅳ类	Ⅴ类
里洋隧道	⊙+■	⊙+■	⊙+■	—
金旗山隧道	⊙+■	⊙+■（局部）	⊙+■（局部）	※
联南隧道	⊙+■	⊙+■	⊙+■（局部）	—
董家山隧道	⊙+■	⊙+■	⊙+■	※
石狮隧道	⊙+■	⊙+■	⊙+※	※
岚峰隧道	⊙+※	■	■	※

注：① 大部分已建小净距隧道围岩分类按旧规范划分，为方便比较，本章仍采用旧规范分类方法；② 小净距隧道中Ⅰ、Ⅳ类报道较少，统计以Ⅱ～Ⅴ类围岩为主；③ ⊙表示小导管注浆，■表示水平贯通预应力锚杆，※表示系统锚杆。

由上表对比可知：

（1）对小净距隧道中夹岩进行加固主要采用小导管注浆、系统锚杆、水平贯通预应力锚杆3种加固技术。而有关文献提及的大黏结对穿式预应力锚索、大吨位预应力锚杆等加固方法未被使用。这表明上述3种加固技术应用最广，并已在实践中得以验证。

（2）实践工程中已出现3种加固技术的独立或组合使用的加固方法，即小导管注浆+水平贯通预应力锚杆、小导管注浆+系统锚杆、水平贯通预应力锚杆、系统锚杆；未出现小导管注浆独立使用、系统锚杆+水平贯通预应力锚杆，甚至小导管注浆+系统锚杆+水平贯通预应力锚杆的组合运用。这说明围岩中不适合施加两种以上加固技术（已出现组合中小导管注浆为预加固技术）。同时，表6-1显示出同一围岩类别（如Ⅳ类）其加固技术存有较大差异。该现象表明各设计施工单位对各种加固技术及其组合的使用并未取得完全一致。

（3）部分隧道无论围岩好坏，统一采用一种加固方法（如里洋隧道）；部分隧道根据不同围岩类别采用相应的加固方法（如岚峰隧道）。该现象表明，在施工过程中，存在需要根据围岩实际情况采用合理加固方法以达到最佳加固效果的问题。

（4）在个别围岩类别中，不同隧道采用了同一种加固方法，如Ⅱ类使用小导管注浆、Ⅴ类使用系统锚杆。实践表明，在低类别围岩中采用小导管注浆及高类别围岩中采用系统锚杆已为大家普遍接受。

6.2 中夹岩层加固技术作用机理

6.2.1 小导管注浆作用机理

注浆预加固是被广泛采用的一种方法，它既可以单独应用于较大净距隧道（通常大于 B，B 指隧道洞径）中间岩柱的加固，也可与对拉锚杆、预应力锚杆结合应用于近距离的小净距隧道的岩柱加固。小导管注浆可以改变围岩的力学性能，提高围岩力学参数，主要通过小导管本身和浆液两方面来实现。小导管本身加固围岩的原理与锚杆加固围岩原理相似，可以分为联结、组合、整体加固原理，而在小净距隧道中夹岩柱区域，主要以整体加固原理为主。小导管支持力的作用，使小导管周围岩体形成压缩带，压缩带中岩体处于三向受压状态，使岩体强度大为提高，从而形成一个能承受一定荷载的稳定岩体，即承载环。小导管注浆示意如图 6-1 所示。

图 6-1 小导管注浆

对于质量较差的围岩，岩柱进行注浆加固可以起到较好的效果，这主要与注浆对提高围岩参数效果明显有关。注入的浆液改变了岩体的力学参数（E、μ、c、φ 等），使 E、c、φ 值提高，μ 值减小，因此提高了围岩本身的自稳能力。尤其对于裂隙发育的岩体，注浆后浆液充填裂隙及软弱结构面，可以避免或减小应力波在岩体内反射及折射引起岩体内部拉伸破坏，起到了很好的加固作用（图 6-2）。对于质量较好的围岩，由于可注浆性要差，提高围岩力学性质参数较为困难，因此采用注浆加固要慎重。

图 6-2 注浆加固区

两方面的加固作用，使得小净距隧道在双洞开挖施工时，中夹岩塑性区出现时间得到延缓，出现区域大大减小。

6.2.2　系统锚杆作用机理

如前文所述，锚杆对围岩有联结、组合、整体加固等作用。当锚杆打入围岩后，由于围岩的变形使锚杆受拉，从而调动起锚杆的支护抗力，限制围岩的进一步变形，达到支护的目的。锚杆在围岩中应力分布如图 6-3 所示。

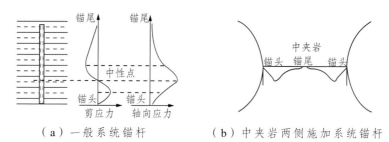

（a）一般系统锚杆　　　　（b）中夹岩两侧施加系统锚杆

图 6-3　系统锚杆应力分布

图 6-3 表明，一般系统锚杆轴力分布不均匀，两端轴力较小，中性点附近轴力则很大，因此锚杆的承载力未得到有效的利用。当在小净距隧道中夹岩左右两侧施作系统锚杆时，两侧锚杆只在锚头部位提供较大支护力，而中夹岩柱中间部位将出现一段锚杆轴力空白或较小轴力叠加区域[图 6-3（b）]。由此可见，中夹岩两侧施作系统锚杆时，中夹岩受力与塑性变化并未得到有效改善。

6.2.3　水平贯通预应力锚杆作用机理

预应力锚杆是通过对锚杆进行张拉，从而给岩体施加一定预应力的一种支护方式，因此其轴力由张拉荷载和由于地层开挖引起的形变荷载两部分组成。预应力锚杆轴力呈两头大中间小的分布形态。预应力锚杆轴力沿杆长分布比较均匀，锚头轴力虽略大但有利于围岩稳定，因此锚杆的承载力能得到较充分的利用。当在小净距隧道中夹岩左右两侧施作水平贯通预应力锚杆时，锚杆为一整体，中夹岩中间部位两端受力叠加，因此锚杆轴力均匀分布于中夹岩整体，避免了锚杆轴力空白或较小轴力区域出现，能较好地维护围岩稳定，如图 6-4、图 6-5 所示。

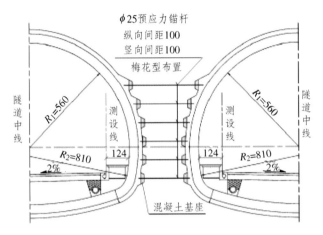

图 6-4　中夹岩柱对拉锚杆加固示意图（单位：cm）

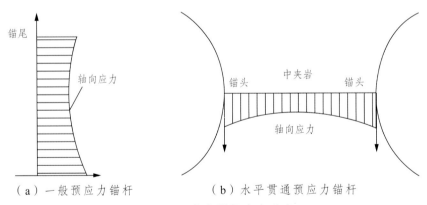

（a）一般预应力锚杆　　　　　（b）水平贯通预应力锚杆

图 6-5　预应力锚杆应力分布

水平预应力对拉锚杆对裂隙可起到闭合的作用，并可有效阻止岩体内部质点的相对位移，避免造成拉伸破坏，提高其抗拉、抗剪强度。对于质量较差的围岩，由于其变形较大，若采用预应力锚杆会产生较大的预应力损失，与一般普通锚杆效果相差不大；相反，对于质量较好的围岩，由于其变形较小，采用预应力加固效果较好。

6.3 中夹岩层加固技术的比较

中夹岩柱加固措施宜尽量简化，一般以注浆或锚固为主，其加固措施不宜超过两种：一般说来，注浆能改变塑性范围，其他支护方式（如锚杆、钢架）等可起到约束塑性区进一步发展的作用；以硬质岩为主的Ⅱ级、Ⅲ级围岩，完整性较好，宜采用锚固方式为主加固中夹岩柱；以软质岩为主的Ⅳ级、Ⅴ级围岩，节理裂隙发育，宜先注浆加固，再采用锚固方式。

为了比较中间岩柱加固方式的优劣，共试验岩柱不加固、试验贯通长锚杆加固、试验小范围注浆加固、试验大范围注浆加固等方法。

6.3.1 地表位移比较

由图 6-6 可知：从地表总量位移来分析，大范围注浆的效果最好，贯通长锚杆和小范围注浆的效果次之。贯通长锚杆与小范围注浆优劣难以比较。

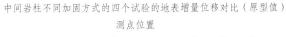

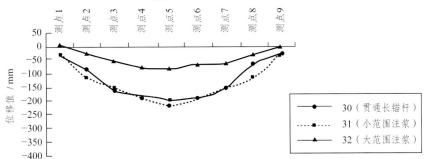

图 6-6 中间岩柱不同加固方式，地表沉降比较

6.3.2 后行洞开挖引起的地表增位移比较

由图 6-7 可知：从地表增量位移来分析，大范围注浆的效果最好，贯通长锚杆的效果次之，小范围注浆再次。而贯通长锚杆略优于小范围注浆。

中间岩柱不同加固方式的四个试验的地表增量位移对比（原型值）

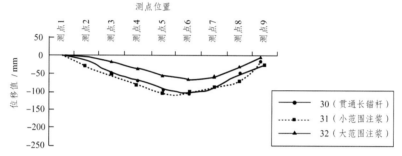

图 6-7　中间岩柱不同加固方式，地表沉降增量比较

6.3.3 地中位移比较

由图 6-8 可知：从地中位移来分析，大范围注浆的效果最好，小范围注浆的效果次之，贯通长锚杆再次，不加固最差。

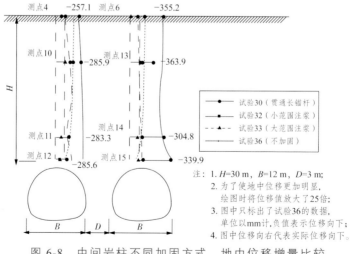

注：1. $H=30$ m，$B=12$ m，$D=3$ m；
　　2. 为了使地中位移更加明显，绘图时将位移值放大了25倍；
　　3. 图中只标出了试验36的数据，单位以mm计，负值表示位移向下；
　　4. 图中位移向右代表实际位移向右。

图 6-8　中间岩柱不同加固方式，地中位移增量比较

6.3.4　后行洞开挖引起的地中增位移比较

由图 6-9 可知：从地中增量位移来分析，大范围注浆的效果最好，贯通长锚杆与小范围注浆的效果次之，不加固最差。

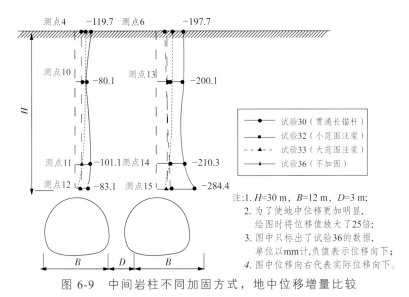

注：1. $H=30$ m，$B=12$ m，$D=3$ m；
2. 为了使中位移更加明显，绘图时将位移值放大了25倍；
3. 图中只标出了试验36的数据，单位以mm计，负值表示位移向下；
4. 图中位移向右代表实际位移向下。

图 6-9　中间岩柱不同加固方式，地中位移增量比较

6.3.5　先行洞洞周位移比较

由图 6-10 可知：从洞周位移来分析，大范围注浆的效果最好，贯通长锚杆与小范围注浆的效果次之，不加固最差。

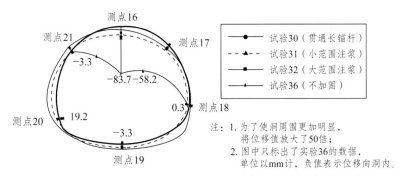

注：1. 为了使洞周围更加明显，将位移值放大了50倍；
2. 图中只标出了实验36的数据，单位以mm计，负值表示位移向洞内。

图 6-10　中间岩柱不同加固方式，先行洞洞周位移比较

6.4 本章小结

经过以上分析，可以得出以下结：

（1）大范围注浆、小范围注浆、贯通长锚杆都可以显著提高中间岩柱的稳定性，从而对整个小净距结构产生积极影响，其中大范围注浆的效果最好。

（2）小范围注浆加固与贯通长锚杆加固相比没有明显优势。

（3）中间岩柱加固后可以显著减小先行洞的洞周收敛。

（4）小导管注浆参数、系统锚杆设置长度与间距、预应力锚杆施加预应力大小与时机等技术要求，有待于进一步的研究。

第 7 章

总结及展望

城市内部的大型立体换乘枢纽的建设浪潮已不可阻挡，施工技术和大型机械的使用更是使得地下多层次空间结构的修建日渐平常，多层次地下结构已成为当前地下工程施工中重要的且不可回避的问题，对其开展深入研究意义非凡。

本书采用了室内试验、现场实测、理论推导和数值模拟多种研究方法，对多层次地下空间结构的设计、施工、安全评价和控制方法等进行了仔细和深入的研究，对其他类似工程具有良好的借鉴意义，推广应用前景广阔，带来了良好的社会和经济效益。

本书首次提出了以中夹岩为核心的结构设计方法、施工方法及安全性评价方法和标准。在结构设计上，首次同时以多层次空间结构的围岩和中夹岩破坏模式为切入点，同时给出了中夹岩和结构的设计模型，形成了一套完整严谨的设计体系。同时，研究创新性地以中夹岩安全性评价为主、衬砌结构安全性评价为辅，二者互相结合的安全评价方法和控制标准作为整体结构稳定性的评价标准，建立了一套完整的中夹岩理论力学计算模型，为多层次地下空间结构的安全评价方法提供了新的思路。在多层次结构施工上，以中夹岩的保护和加固入手，给出了施工关键控制性部位，大大增加了施工合理性和高效性。

本书不足之处在于：围岩具有高度的非均匀性，本书研究中夹岩稳定性时，并未考虑围岩的非均匀性和弱结构面的影响。本书意在提出一套新式的多层次地下空间结构的设计计算理念，具体到一些特殊的围岩时，也可以采用本书的设计计算思路进行深入研究。

参考文献

[1]　卢岱岳，王士民，何川，等. 新建盾构隧道近接施工对既有隧道纵向变形影响研究[J]. 铁道学报, 2016, 38(10): 108-116.

[2]　台启民，张顶立，房倩，等. 暗挖重叠地铁隧道地表变形特性分析[J]. 岩石力学与工程学报, 2014, 33(12): 2472-2480.

[3]　刘维，唐晓武，甘鹏路，等. 富水地层中重叠隧道施工引起土体变形研究[J]. 岩土工程学报, 2013, 35 (6): 1055-1061.

[4]　NGOC-ANH DO, DANIEL DIAS, PIERPAOLO ORESTE, et al. Three-dimensional numerical simulation of a mechanized twin tunnels in soft ground[J]. Tunneling and Underground Space Technology, 2014, 42: 40-51.

[5]　JIN Dalong, YUAN Dajun, LI Xinggao, et al. Analysis of the settlement of an existing tunnel induced by shield tunneling underneath[J]. Tunneling and Underground Space Technology, 2018, 81: 209-220.

[6]　谢雄耀，牛俊涛，杨国伟，等. 重叠隧道盾构施工对先建隧道影响模型试验研究[J].岩石力学与工程学报, 2013, 32(10): 2061-2069.

[7]　FANG Qian, TAI Qimin, ZHANG Dingli, et al. Ground surface settlements due to construction of closely-spaced twin tunnels

with different geometric arrangements[J]. Tunneling and Underground Space Technology, 2016, 51: 144-151.

[8] 蔡振宇, 黄旭. 重庆轨道交通 6 号线大龙山站—花卉园站区间中厚水平层状岩小净距重叠隧道爆破开挖时序探讨[J]. 隧道建设, 2014, 34（5）: 478-483.

[9] 王明年, 张晓军, 苟明中, 等. 盾构隧道掘进全过程三维模拟方法及重叠段近接分区研究[J]. 岩土力学, 2012, 33（1）: 273-279.

[10] 赵东平, 王明年, 宋南涛. 浅埋暗挖地铁重叠隧道近接分区[J]. 中国铁道科学, 2007（6）: 65-69.

[11] 郑余朝, 仇文革. 重叠隧道结构内力演变的三维弹塑性数值模拟[J]. 西南交通大学学报, 2006（3）: 376-380.

[12] 张忠刚, 张国华, 马兴叶, 等. 新建双洞 TBM 隧道与既有钻爆法隧道近接分区研究[J]. 铁道建筑, 2017, 57（12）: 45-48.

[13] LIANG Rongzhu, XIA Tangdai, HONG Yi, et al. Effects of above-crossing tunneling on the existing shield tunnels[J]. Tunneling and Underground Space Technology, 2016, 58: 159-176.

[14] 陈英军. 明挖深基坑下卧多层隧道施工关键技术研究[D]. 成都: 西南交通大学, 2017.

[15] 赵则超. 立体交叉隧道不同近接距离对围岩压力和衬砌结构力学行为的影响[D]. 成都: 西南交通大学, 2009.

[16] JIN Dalong, YUAN Dajun, LI Xinggao, et al. An in-tunnel grouting protection method for excavating twin tunnels beneath an existing tunnel[J]. Tunneling and Underground Space Technology, 2018, 71: 27-35.

[17] 钟祖良, 刘新荣, 刘元雪, 等. 浅埋双侧偏压小净距隧道围岩压力计算与监测分析[J]. 重庆大学学报, 2013, 36（2）: 63-68.

[18] 龚建伍, 夏才初, 雷学文. 浅埋小净距隧道围岩压力计算与监

测分析[J]. 岩石力学与工程学报，2010，29（S2）：4139-4145.

[19] 喻军，刘松玉，童立元. 小净距隧道设计荷载的确定[J]. 东南大学学报（自然科学版），2008（5）：856-860.

[20] 王朝辉. 软土地质重叠盾构隧道施工技术[J]. 国防交通工程与技术，2017，15（6）：50-53.

[21] TANG Xiaowu，GAN Penglu，LIU Wei，et al. 渗透性地层中隧道施工引起的地表沉降：以深圳地铁为例（英文）[J]. Journal of Zhejiang University-Science A（Applied Physics & Engineering），2017，18（10）：757-775.

[22] 张立舟，夏毓超，杜逢彬. 深基坑施工对邻近既有隧道的影响分析[J]. 城市轨道交通研究，2017，20（9）：122-125.

[23] 江俐敏，王智德，齐曼卿. 重叠地铁隧道地表沉降数值分析[J]. 山西建筑，2017，43（25）：164-165.

[24] 台启民. 暗挖交叠隧道地表沉降实测分析[J]. 现代隧道技术，2017，54（4）：193-200.

[25] 张东明，张艳杰，黄宏伟. 基于地层损失的盾构隧道土压力非线性解析方法[J]. 中国公路学报，2017，30（8）：82-90.

[26] 张彦伟，韩国令，段志强. 复合式 TBM 重叠隧道施工下层支撑体系计算探讨[J]. 公路交通技术，2017，33（3）：77-81.

[27] 柳瑶，杜文华，吕东阳. 重叠隧道施工数值分析[J]. 低温建筑技术，2017，39（5）：101-103.

[28] 岳付玉. 8 条隧道上下重叠交叉缠绕[N]. 天津日报，2017-05-28（2）.

[29] 范晓真，骆祎，王伊丽，等. 小净距上下重叠盾构隧道施工扰动数值分析[J]. 科学技术与工程，2017，17（11）：108-114.

[30] 全国最长地铁重叠隧道贯通[J]. 城市道桥与防洪，2017（4）：9.

[31] 全国最长地铁重叠隧道实现双线贯通[J]. 工程建设与设计，2017（7）：7.

[32] 辛亚辉. 重叠隧道施工对邻近运营中重叠隧道的影响分析[J].

城市轨道交通研究，2017，20（4）：101-106.

[33] 黄福刚. 砂卵石地层中的地铁盾构重叠隧道施工力学分析[J]. 低碳世界，2017（10）：181-182.

[34] 全国最长地铁重叠隧道实现双线贯通[J].工程质量，2017，35（3）：46.

[35] 伍振. 全国最长地铁重叠隧道贯通[N]. 中国铁道建筑报，2017-02-28（1）.

[36] 岳付玉. 国内地铁首条最长重叠隧道贯通[N]. 天津日报，2017-02-25（4）.

[37] 王明胜. 爆破动载作用下中厚水平层状岩小净距重叠隧道合理开挖时序研究[C]//中国土木工程学会隧道及地下工程分会. 2016 中国隧道与地下工程大会（CTUC）暨中国土木工程学会隧道及地下工程分会第十九届年会论文集. 北京：中国土木工程学会隧道及地下工程分会，2016：5.

[38] 唐晓武，甘鹏路，刘维，等. 渗流作用下重叠隧道施工引起地层变形[J]. 中南大学学报（自然科学版），2016，47（9）：3108-3116.

[39] 崔光耀，倪嵩陟，伍修刚，等. 深圳地铁小净距盾构重叠隧道施工工序及加固方案[J]. 铁道建筑，2016（9）：66-70.

[40] 林志鹏. 列车荷载作用下重叠隧道结构动力响应分析[J]. 铁道科学与工程学报，2016，13（9）：1789-1795.

[41] 张华东. 浅埋暗挖重叠隧道施工引起的地层变形分析[J]. 建材与装饰，2016（36）：210-211.

[42] 张晓军. 小间距盾构重叠隧道安全施工控制技术研究[D].成都：西南交通大学，2010.

[43] 高林. 并行立交隧道施工顺序及近接影响分区研究[D]. 长沙：中南大学，2012.

[44] 郑颖人，王永甫. 隧道稳定性分析与设计方法讲座之一：隧道围岩压力理论进展与破坏机制研究[J]. 隧道建设，2013（6）：

423-430.

[45] 谷兆棋，彭守拙，李仲奎. 地下洞室工程[M]. 北京：清华大学出版社，1994.

[46] KIN. Hak Joon Estimation for tunnel lining loads[D]. Edmonton，Alberta，Canada：Canada University of Alberta，1997.

[47] 沈明荣. 岩体力学[M]. 上海：同济大学出版社，1991.

[48] BARTON N，LIEN R，LUNDE J Engineering classification of rock masses for the design of tunnel support[J]. Rock Mech，1974，6（4）：183-236.

[49] BIENIAWSKI Z T. Engineering Rock Mass Classification[M]. John Wiley& Sons，1989：1-105.

[50] 莫勋涛. 围岩的站立时间与初期支护荷载的关系研究[D]. 北京：北京交通大学，2001.

[51] 国家铁路局. TB 10003—2016 铁路隧道设计规范[S]. 北京：中国铁道出版社，2017.

[52] 重庆交通科研设计院. JTG D70—2004 公路隧道设计规范[S]. 北京：人民交通出版社，2004.

[53] 谢家. 浅埋隧道的地层压力[J]. 土木工程学报，1964：6.

[54] 中水东北勘测设计研究有限公司. SL 279—2016 水工隧洞设计规范[S]. 北京：中国水利水电出版社，2016.

[55] 重庆建筑工程学院，等. 岩石地下建筑结构[M]. 北京：中国建筑工业出版社，1982.

[56] 蒋树屏，胡学兵. 云南扁平状大断面公路隧道施工力学响应数值模拟[J]. 岩土工程学报，2004（2）：178-182.

[57] 贾剑青. 复杂条件下隧道支护体时效可靠性及风险管理研究[D]. 重庆：重庆大学，2006.

[58] 夏永旭，王文正，胡庆安. 围岩应力释放率对双联拱隧道施工影响研究[J]. 现代隧道技术，2005（3）：1-4.

[59] 黄生文，司铁汉，陈文胜，等. 断层对大跨度隧道围岩应力影响的有限元分析[J]. 岩石力学与工程学报，2006（S2）：3788-3793.

[60] 王明年，郭军，罗禄森，等. 高速铁路大断面深埋黄土隧道围岩压力计算方法[J]. 中国铁道科学，2009（5）：53-58.

[61] 徐林生. 大断面高速公路隧道复合式衬砌结构受力监测分析[J]. 重庆交通大学学报（自然科学版），2009（3）：528-530.

[62] 赵占厂，谢永利. 黄土公路隧道结构设计与施工中的若干问题[J]. 现代隧道技术，2008（6）：56-60.

[63] 何章义. 公路小净距隧道爆破振动控制技术研究[D]. 成都：西南交通大学，2010.

[64] 钟建辉. 邻近隧道爆破施工对既有隧道影响的数值分析[D]. 天津：天津大学，2005.

[65] 卢珊珊. 爆破荷载作用下隧洞围岩动力响应及破坏模式研究[D]. 天津：天津大学，2012.

[66] 肖明，张雨霆，陈俊涛，等. 地下洞室开挖爆破围岩松动圈的数值分析计算[J]. 岩土力学，2010（8）：2613-2618.

[67] 徐坤，王志杰，孟祥磊，等. 深埋隧道围岩松动圈探测技术研究与数值模拟分析[J]. 岩土力学，2013（S2）：464-470.

[68] 上海市市政工程管理局. 上海市地铁沿线建筑施工保护地铁技术管理暂行规定[Z]. 沪市政法〔94〕第854号，1994.

[69] 住房和城乡建设部. CJJ/T 202—2013 城市轨道交通结构安全保护技术规范[S]. 北京：中国建筑工业出版社，2013.

[70] 住房和城乡建设部. GB 50911—2013 城市轨道交通工程监测技术规范[S]. 北京：中国建筑工业出版社，2013.

[71] 张黎明，郑颖人，王在泉，等. 有限元强度折减法在公路隧道中的应用探讨[J]. 岩土力学，2007，28（1）.

[72] 杨臻，郑颖人，张红，等. 岩质隧洞支护结构设计计算方法与探索[J]. 岩土力学，2009，30.

[73] 章慧健，仇文革，孔超. 新建隧道近接既有建筑物施工的破坏模式研究[J]. 现代隧道技术，2016（4）：97-101；115.

[74] 汤劲松，刘松玉，童立元. 高速公路大跨隧道最小安全净距研究[J]. 土木工程学报，2008（12）：79-84.

[75] 田志宇. 公路小净距隧道相似模型试验研究[D]. 成都：西南交通大学，2006.

[76] 申玉生. 软弱围岩双连拱隧道设计施工关键技术研究[D]. 成都：西南交通大学，2006.

[77] 肖明清. 小间距浅埋隧道围岩压力的探讨[J]. 现代隧道技术，2004（3）：7-10.

[78] 潘晓马. 邻近隧道施工对既有隧道的影响[D]. 成都：西南交通大学，2002.

[79] 王明洋，范鹏贤，李文培. 岩石的劈裂和卸载破坏机理[J]. 岩石力学与工程学报，2010，29（2）：234-241.

[80] BACKBLOM G MARTIN C D. Recent experiments in hard rocks to study the excavation response：Implications for the performance of a nuclear waste geological repository[J]. Tunneling and Underground Space Technology，1999，14（3）：377-394.

[81] CAI M, KAISER P K, MARTIN C D. Quantification of rock mass damage in underground excavations from microseismic event monitoring[J]. International Journal of Rock Mechanics and Mining Sciences, 2001, 38(7): 1135-1145.

[82] 严鹏，卢文波，单治钢，等. 深埋隧洞爆破开挖损伤区检测及特性研究[J]. 岩石力学与工程学报，2009，28（8）：1552-1561.